星空 50 講

帶你探索宇宙

陳文屏 著

目次

推薦序

李太楓（中央研究院天文所特聘研究員退休、院士）

天文最難但也最有趣的部分是宇宙論，現代宇宙論由哈伯（Hubble）約 100 年前開啟。他使用位於美國南加州，由卡內基（Carnegie）建立，直徑達 100 英吋，當時為世界最大、品質最優的望遠鏡，來觀測宇宙。哈伯發現距離越遠的天體，離開我們的速度越快，顯示宇宙在膨脹之中，也就是說宇宙過去比現在密度來得高，以致於引發出「大霹靂」這類宇宙學模型。

最新的宇宙論認為宇宙由三種物質組成：（1）正常發光有重力的天體，一般觀測即可看到，這些質量占宇宙的 5%；（2）黑暗物質，有重力但發光很少，質量占宇宙的 15%，人類至今尚未了解其真相。它有可能是尚未在實驗室裡發現的基本粒子，也有可能是高密度、低光度的白矮星球物質；（3）黑暗能量，有重力，但是很奇特的負能量，與重力作用相反，占宇宙能量的 80%。雖然這本身就是令人驚奇的發現，但是現代宇宙論的研究對象竟然是大量未知的負能量，以致於下一步研究方向並不明確。

重大的天文研究計畫因為儀器精密，所需經費龐大，往往透過國際合作來募集跨國資金及人才。由於公家機構預算

■ 1997 年台美雙方啟動「掩星計畫」（TAOS），開始探勘望遠鏡台址，李太楓（左二）、Charles Alcock（左三，時為勞倫斯利物摩實驗室研究員）、陳文屏（左一）以及中央研究院天文所與中央大學天文所同仁於阿里山合照。

與籌募時間等問題，重大計劃往往透過私人企業或機構募集種子基金，先進行可行性研究，之後再放大規模向國際籌款，以進行更大的計畫。例如現在正在進行中的世界最大、直徑18米的望遠鏡建造計畫，美國卡內基科學研究院（Carnegie Institute for Science）先帶頭捐款，並在短期間內建造完成六分之一計畫，成像良好，證明可行，因此已展開國際募款。

台達電創辦人鄭崇華先生如同美國的卡內基先生，熱心捐助中央大學許多天文活動，包括支持建造直徑2米的望遠鏡，期待未來可以使用此望遠鏡進行宇宙論的研究。由於宇宙的觀測研究所需要的入門門檻相對較高，希望其他企業或機構也共襄盛舉來捐款協助，增加更多天文所需研究人才及儀器設施，以深入探討解析宇宙之祕。

■ 2019 年李太楓與 Charles Alcock（現為哈佛史密松天文物理中心主任）於台北中央研究院天文所合照。

■美國鋼鐵大王 Andrew Carnegie，他捐助天文研究，造就了很多突破成果。

引言

葉永烜（國立中央大學教授、國家講座、中央研究院院士）

蘇軾的＜念奴嬌・赤壁懷古＞中的「故國神遊，多情應笑我」，大概是有些天文學家心裡常有的感慨。因為所看到的星光大多數是百萬年或千萬年前傳出來的。如果它們的行星也有生物和文明，如今安在？它們的歷史定會如我們人類社會發展到一定程度便會遇到瓶頸，一是氣候變遷，二是熱核戰爭。如不能和平合作，定會灰飛煙滅。還是有足夠智慧，能夠同舟共濟，一齊渡過難關讓世界文明能夠永續發展？在2021年這個時間點，我們必定要認真思考這個問題。說不定地球人類前途的決定權便在於台灣，便在於你我。

也有人說只有外星人入侵，才能使一些國家需要合作才合作，共同對抗侵略。但在華裔美藉作家姜峯楠（Ted Chiang）寫的一本科幻小說（曾拍成電影《異星入境》）的故事，卻是說外星人到訪地球，目的是叫人類不要鬧了，要好好活下去，因為在幾千年後的將來，他們需要地球人幫忙才能夠度過一次生死存亡的危機。所以在這本書每一頁中默默無言的無數星光可能都是在提醒我們要做一個好榜樣！

如果外星人今日到來，大概會加一句：不要凡事為了對抗而對抗，因為有些事情不像上館子點菜，甜的辣的同時來。今天拳打腳踢，明天笑呵呵地又要團結合作對付全球暖化。這可是在異星世界也大概行不通的事！總得有點中庸之

■台灣最大口徑兩米望遠鏡，由教育部提供經費，科技部協助，由國立中央大學負責建置。台達集團創辦人鄭崇華先生提供經費贊助該計畫，由鄭崇華先生（左）與中央大學葉永烜教授（右）主持記者會。

道才成。對不對？

　　世界最大的 500 公尺口徑無線電望遠鏡（FAST）放在貴州群山之中，FAST 的一個重要科學目標是尋找外星文明的無線電訊號。台達集團創辦人鄭崇華先生與夫人曾在 2018 年 4 月 7 日到訪參觀。我在看到鄭先生用 23 分鐘健步走完望遠鏡圓周時，不禁想到姜峯楠的故事中異星人的文字是圓形的，而且首尾不分。意思是一個事情的結局往往是會影響它的起頭。所以如果鄭先生能夠號召世界級企業家到這裡集會（和競步），靜想我們在宇宙中是如何孤獨，但又和所有文明分享彼此的星光；也思考人類社會如何能用中庸之道度過重重難關而永續發展。所謂「但願人長久，千里共嬋娟」。這會是多好的一件事？在今時今日，大概只有在台灣的我們能夠使它發生。

■台達電子文教基金會贊助中央大學天文所成立「台達電子年輕天文學者講座」。2012 年第一屆講座學者 Holman 博士拜訪台達基金會相談甚歡。國立中央大學葉永烜教授（左二）、台達集團創辦人暨榮譽董事長鄭崇華先生（中）、Holman 博士（右二）、國立中央大學陳文屏教授（右一）。

序

鄭崇華（台達集團創辦人）

我是個業餘的天文迷，如果人生可以重來，也許我會改讀天文。

因為年輕時的經歷，天文對我來說，不只是知識的探索，

■ 2005 年 10 月 15 日孫維新、李正中教授陪同劉全生校長（中）、台達集團鄭崇華創辦人（左二）參訪鹿林天文台。（中央大學提供）

也是種精神上的寄託。在我還很小的時候，因為兩岸的戰亂，13 歲就隻身來到台灣，每次放長假或過節日，同學們都回家跟親友團聚，學校宿舍只剩我一個人，我常坐在台中一中的操場上，看著天空發呆，思念著海峽另一頭的家人。

那時候，夜晚沒有光害，抬頭一望盡是滿天星斗，而且幾乎每晚都能看見流星，我總是好奇地想：宇宙有多大？星空存在多久了？看著看著，就對這門學問著迷不已。

多年前，我有幸認識國立中央大學天文所的多位專家跟知名教授，像是葉永烜院士、陳文屏所長等人，不但從他們身上獲得許多天文知識，也跟著天文所師生一起爬上海拔 2,862 公尺的玉山鹿林天文台，用當時台灣最大的一米口徑望遠鏡，觀賞壯闊的宇宙和浩瀚群星。

2006 年 4 月，鹿林天文台發現了一顆小行星 168126，還用我的名字命名，實在讓我愧不敢當。所以 2009 年適逢「全球天文年」（International Year of Astronomy 2009），我便以個人名義捐贈兩米望遠鏡給中央大學，希望以後有更多年

輕學子體會到我當年的感動，一起加入探索宇宙的行列。

為協助天文研究風氣，2012年開始，我跟中央大學合作設立「台達電子年輕天文學者講座」，專門頒發給在天文領域有重大研究成果的年輕學者。截至2019年，已經選出12名來自歐、美、亞各洲的優秀學者。除了頒獎，我們也透過這個機制禮聘得獎者來台，舉行公開演講和訪問行程，推動台灣的天文教育和國際交流。

也因為這個獎，讓我有機會認識許多優秀學者，得知更多天文研究的最新動態。我非常喜歡出席每半年一次的台達電子年輕天文學者講座，在裡面接觸到宇宙大霹靂、黑洞、重力波、超新星等新議題，每次都覺得收穫良多，也邀請台達員工一起來吸收新知，鼓勵大家培養工作以外的知識。

其實，除了我個人的愛好，天文研究對人類發展十分重要，許多重大的科技創新跟人生哲理，都是從這個領域開展出來。更重要的是，跟宇宙存在的時間相比，人類文明只是短之又短的一瞬間，在無垠的星空之下，我們真的要學會謙卑。希望透過這本書，讓讀者更認識這個地球和宇宙，也希望更多人一起來追求環境和人類的永續發展。

■ 2018年4月7日台達集團創辦人鄭崇華先生參訪被譽為中國天眼的FAST（直徑500公尺球面無線電望遠鏡）。

01 神祕的夜空

望著夜空，暫時抽離了塵世喧囂，世界孤遠而靜謐。想像掛念的人或許也在遠方看著同樣星空，是否也思念我；另一方面不解天地如何春去秋來，日夜輪替。

自古以來，人類對天上的日、月、星辰與地上萬物有何關連，感到好奇。當生活需要答案，命運卻無法預測，人們期待權威者，因此猜想神祕的天體主宰了人世因果。

如果沒有光害影響，夜空最讓人注意的多半是「銀河」，它呈帶狀橫跨天際，拉丁文稱為 via lactea，直譯就是英文的 Milky Way，形容有如奶汁流灑天際。仔細觀看，銀河除了眾多明暗不一的星星，另外還有暗黑的區塊，現在知道太陽跟超過千億顆恆星構成「銀河系」，是個龐大的星球系統。宇宙中還有數不盡像這樣的「星系」。

銀河系形狀有如兩個菜盤對扣，中央突起，其餘呈現扁平狀。由於太陽就在扁平的「銀盤」當中，所以從地球看出去，我們看到的銀盤成帶狀分布，當中充滿恆星以及星際暗雲，尤其往銀河系中心的方向看去星星特別多。地球繞著太陽轉，自轉軸的南極保持偏向銀心，這使得南半球比較容易看到燦爛的銀河。

現在很多天文台進行遠距操控，甚至於全自動排程。但偶爾仍有機會前往世界各地觀測，我得以親臨現場感受龐大望遠鏡的低頻驅動，以及充斥音樂、電腦螢幕與零食的控制室，啊，還有還有，走出戶外仰望那壓得喘不過氣來的夜空，星星亮到好似可以如太陽般充電，而最療癒的莫過於銀河了。平常教書、研究，面對數據、論文、學生、同事，這時候緩緩吐氣，心中浮起：「啊，這就是為什麼了！」

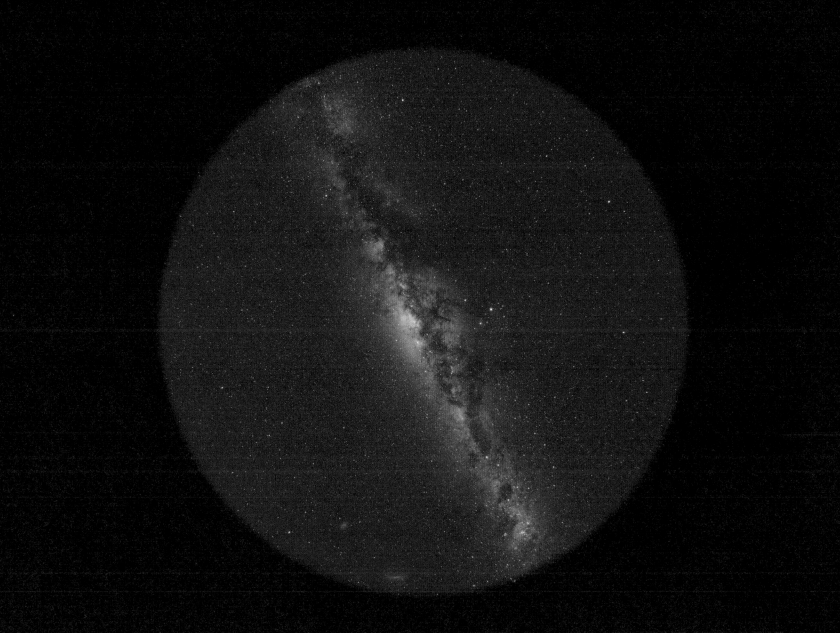

■這是銀河的照片，是從地球看出去銀河系盤面呈現的樣子。除了充滿亮暗與顏色不同的星星，還有形狀不規則的黑暗區域，乃是太空群聚的塵埃遮擋住後方光線所造成。圖中可看到中央比較突起。下方偏左另有兩個模糊亮塊，是銀河系周圍的星系。（影像來源／王為豪）

02 認識星空

對宇宙最初的疑惑可能是地理問題，例如想知道所在何處；也可能是個歷史問題，好奇這一切到底從何而來，將來會變成如何。

有些星星本身發光能力（光度）很強；有些雖然光度微弱，但因為距離近，看起來（亮度）很亮。就像手機螢幕只能照亮眼前，而棒球場的燈光卻老遠通明。

天文學使用「等級」來量化星星的亮度，例如一等星看起來非常明亮，六等星則差不多是肉眼觀看的極限，比一等星暗了 100 倍。使用望遠鏡收集光線，配上靈敏的儀器長期曝光，可以記錄到將近 30 等的天體。

不同遠近的星球有如投影在暗黑的布幕上（稱為「天球」），人們把群集的亮星聯想成人形、動物、器皿。近代把全天空分成 88 個天區，稱為「星座」，就跟行政區域分成各縣市的道理一樣。包含了獵人圖騰的區域稱為「獵戶座」，依著神話故事，獵人後方跟隨了大、小獵犬（「大犬座」、「小犬座」），狩獵前方的野牛（「金牛座」）。為了更精確描述天體位置，依照地球表面訂出經度與緯度的原理，也在夜空設定了「赤經」與「赤緯」的座標。定義好了起點，兩個座標數字便指定了天球上某個位置，這就是天空的地址。星座當中最明亮的那顆主星稱為該星座的 α 星。有些星座 α 星非常明亮，有些星座內整體缺乏亮星，因此「山中無虎，猴子稱王」，該星座的主星因此黯淡無奇。有些亮星還有俗名，例如天琴座的 α 星也稱為織女星，是顆明亮的零等星。

欣賞夜空不一定要認識星座，或是懂得座標、星等這些事情。就好像不需要知道月世界位於哪個鄉鎮，或是台北 101 大樓的座標，照樣遊覽欣賞。有些天體肉眼可見，有些則必須使用望遠鏡觀察，還有更多目前所知不多（我們還不知道我們不知道什麼）。在欣賞與理解的過程中，即使少了些神祕，卻不減浪漫，因為大自然的運作美麗極了。

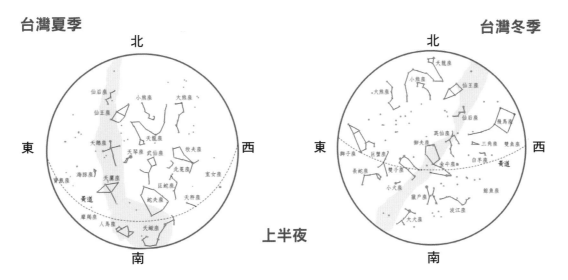

台灣夏季　　北　　　　　　　　　台灣冬季　　北

東　　　　　　　　西　　　　　　東　　　　　　　西

上半夜

南　　　　　　　　　　　　　　　南

■隨著地球自轉與公轉，在特定季節、時刻、地點，看到的夜空星座不同，銀河延展的方向也不同。上面兩張天圖示意台灣夏季與冬季前半夜看到的夜空。

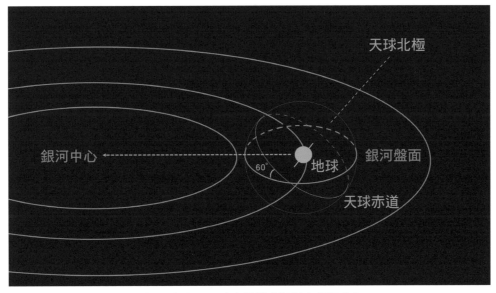

天球北極

銀河中心　　　　　　　　　　　　　銀河盤面

地球

60°

天球赤道

■地球與太陽位於銀河系盤面當中，地球自轉軸南極偏向銀河中心。

■銀河在不同季節橫跨夜空有不同角度，在地表不同位置看起來也有所不同。（影像來源／王為豪）

■在南半球能看到鄰近的「大麥哲倫星系」、以及「小麥哲倫星系」高掛天際。（影像來源／王為豪）

■銀河裡有一團團的的紅色雲氣，這些主要是受到大質量恆星的光線照耀，氫氣受激發的輻射；另外還充斥了暗黑的塵埃，遮擋了後方的光線。（影像來源／王為豪）

■這張照片中間從右上微向左下的銀灰色結構是銀河的一部分，包括了為數眾多的星點，還有發光的氫氣與遮光的塵埃。中下方的藍白亮星是天狼星，是夜空中最明亮的恆星。銀河右邊大量紅色雲氣是獵戶座當中正在誕生星球的地方。照片最右上角落可看到群星聚集，稱為「畢宿星團」。（影像來源／王為豪）

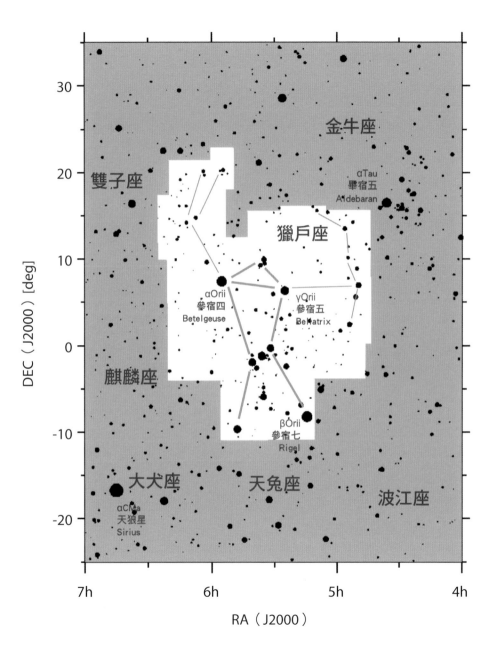

■這張繪製的天圖相當於左邊照片的右半部，示意出獵戶座（白底）以及鄰近星座的天區。圖中的橫軸與縱軸分別為赤經與赤緯，圓點標示天體（恆星）的位置與亮度；圓點越大表示該星球越明亮。同樣星座內的星球，跟我們的距離可能遠近不一。

獵戶座天區中某些星球以直線連結，示意出獵人的外觀，方便辨識。各星座並沒有特定形狀，天區大小也不同，彼此之間以直線分隔。亮星分別標示出它們的學名，例如獵戶座、大犬座，以及金牛座的主（α）星，以及各自的的中文名稱與俗名。

03 占星卜卦命什麼理？

「他是獅子座耶，真準，他果然外向開朗。」日常生活常聽到像這樣，有關占星術或其他類似的話題。有些人「相信」天生個性與出生的日期有關，另外也有生辰八字或卜卦的作法；有些人甚至認為當天的運氣也跟星星有關。古人利用龜甲裂痕碰機率，我們高明些了嗎？

下次不妨先判斷某人是哪個星座，然後看準確率如何。網頁或是電視跑馬燈說你的星座今天「宜防小人；會有桃花」，可以看看怎麼說別的星座。

「相信」沒有對錯；要信是個人自由，只要不影響別人，甚至不需要理由。古時候人們無法預知天氣，不知道食物為何腐敗，但認為總該有「東西」主宰天地萬物的運作。現代科學並非萬能，例如：仍不知道死後是否有來生，或是人生的意義……等目前屬於哲學與宗教的問題，也不知道宇宙怎麼來，甚至不清楚地球內部什麼樣子，但科學知識，解決了不少生活中的謎團，也讓文明往前走了大步。

占星術根據的是出生日期，太陽走到哪個星座。也就是說，屬於該星座的日子，因為太陽擋在前方，當時並看不到該星座。從地球看去，太陽一年在天球走一圈，稱為「黃道」，一共跨越了 13 個星座。每個星座佔據的天空面積不同，太陽走過各星座的時間長短也不同。占星術簡化成 12 個（少了蛇夫座），稱這些太陽經過的星座為「黃道 12 宮」，然後每個星座都跨越一個月的期間。

這樣當然過度簡化，因為全人類不可能只有 12 種，因此現在的占星術加以複雜化，發展出了「月亮星座」、「上升星座」等，也把天王星、海王星及冥王星都拉進來，增加變化。顯然占星專家懂的天文學，多過天文學者知道的占星知識。我總好奇不同的命理師誰說了算？說錯了我們記得嗎？他們記得然後修正說法嗎？

一個人出生的日期能否影響他的個性呢？天蠍座的人是否真的浪漫而神祕？十一、十二月誕生的嬰兒，因為天氣冷，總緊緊裹著，活動受限制，但開春之後能夠外出兜風。這跟七、八月出生的獅子座嬰兒，會有不一樣的心智發展嗎？這

個假說有沒有數據統計？那麼南半球季節相反，生日在年中跟年底也有同樣的個性統計表現嗎？這樣的現象屬於心理與行為表現，可以科學手段解釋，當然人複雜得多，但占星術依託於神祕的天體，以不知道的事情，解釋不知道的事情，就難說服人了。

天體對生活當然有影響，別說季節，連心情都受陰晴左右。俗話說「太陽打個噴嚏，地球就感冒了」。但無論如何，如果有某些因素會影響運氣命勢，絕不是天體的關係。

■「航海家一號」太空船於 1977 年 9 月發射，探訪過幾個外太陽系行星後，目前已經離開太陽系。1990 年，當時太空船距離地球約 60 億公里，拍了這張地球「自拍照」。幾條彩色條紋是影像加強後的瑕疵，地球則是上方棕色條紋中間偏右的微弱光點，稱之為 Pale Blue Dot（黯淡藍點），是我們安身立命的家園。科學與技術推展了人類知識與視野，哲學、宗教與藝術則豐富了心靈，都不是因為占星命理。（影像來源／NASA/JPL）

04 天體動靜之間

地球繞著太陽轉，同在太陽系裡的行星也繞著太陽轉，行星則各自可能有衛星繞行。這些天體距離近，我們明顯察覺它們的移動。其實宇宙萬物都在動，只不過遙遠的星星看不出來，就好像近旁的人車呼嘯而過，但遠方的飛機看起來動得緩慢。

觀察夜空能感受到「物換星移」，也就是星星的位置跟前個鐘頭不一樣了，但所有星星一起東升西落，彼此相對位置沒有變，這些稱為「恆星」。古人就已經注意到，隔幾天、幾個月後，有少數星點的移動方式不同，有如行走於恆星之間，這些是「行星」。

太陽是恆星之一，它的中央高熱、高壓，得以進行核反應而發光。太陽距離近，顯得異常耀眼，而其他星球我們是否看得到，則取決於它本身的光度、距離多遠，還有儀器是否足夠靈敏。

太陽系當中，除了地球，其他的行星包括水星、金星、火星、木星、土星、天王星，以及海王星。這些行星本身不會發光，但靠著反射陽光，我們可以看得到，其中金木水火土這「五行」，人類已經觀察了數千年，再加上會動的日與月，標誌了「星期」的七天輪動。

這些行星受到太陽引力而繞行，我們所居住的地球跑第三個跑道，繞一圈費時一年。距離太陽越遠的行星，引力越弱，得跑得慢些（否則就飛走啦！）；例如木星繞一圈約需12年，古稱「歲星」。雖然天王星的亮度肉眼可視，但或許因為繞行週期84年，不易察覺其移動，因此天王星與海王星（軌道週期165年）都是使用望遠鏡發現的。

很多其他恆星周圍也有行星，這些太陽系以外的行星稱為「系外行星」，但因為距離遙遠，看起來跟母恆星角度接近，亮度又相差很多，所以不易直接看到這些行星，而必須仰賴特殊儀器或方法。

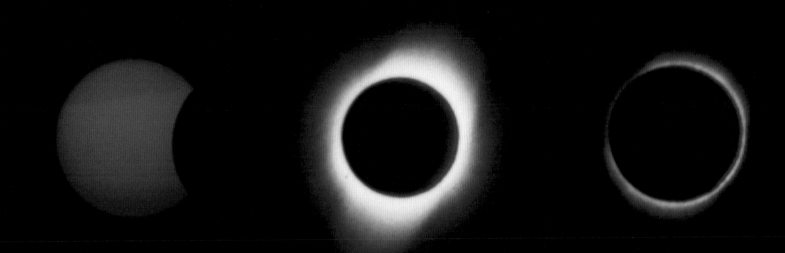

■當月球運行到地球與太陽之間，陽光被遮住了，便發生「日食」。如果過程中整個太陽盤面（光球）被遮住，就是「日全食」，在數分鐘期間，原本明亮得多的光球被遮住，因此平常看不到的色球（呈現粉紅色）以及包圍在外的日冕，得以顯露。

■當地球運行到月球與太陽之間，月相接近滿月，但因為陽光被擋住，無法直接照射月面，月面不再明亮，但仍然接受到地球大氣折射，因此顏色偏紅。這張是月全食過程的疊加照片，可以看到地球圓形的陰影。（影像來源／王為豪）

05 明月幾時有

月亮是夜空最明顯的天體，可以把酒抒愁，也可思鄉寄情，出現在文學、音樂、故事中不知好幾。對於觀星來說，除非對象就是月球，否則月「亮」絕對是頭號光害，所謂「月明星稀」，當月亮照亮夜空，暗星就不明顯了。

月球被地球引力「鎖住」，所以永遠以同一面對著地球。想像拿著手機原地轉一圈，手機正面螢幕一直對著我，但是旁邊的人卻看到了手機的正面與背面，也就是手機繞著我公轉了一圈，同時也自轉了一圈。不管是上個月、去年，還是一千年前在地球上都看到同樣「玉兔」的景象，我們與古人詠歎相同的月娘。一直到有了太空船前往，人類才見識到背面原來坑洞更多，少了暗黑的低窪「月海」。因為月球的背面完全阻隔了來自地球的無線電雜訊，現正規劃放置電波望遠鏡以觀測微弱的宇宙訊號。月球是人類登陸的第二個天體（第一個當然是地球），從 1969 年起共有 12 人次踏上月球表面，走走跳跳，也取回一些樣本。我們對月球再熟悉不過，還有哪些新鮮事呢？

太空中飄遊著大、小冰塵，有些掉進地球大氣而發光，稱為「流星」；彗星撒出的顆粒散布在軌道上，地球通過時，那幾天便發生「流星雨」現象。這些塵粒也會撞擊月球表面，尤其在沒有陽光直接照射的表面，或是月食期間，因為整體光照降低，有機會看到撞擊月面而發光。月球表面的坑洞，除了少數是早年火山口，其他本來就是撞擊出來的，觀賞這樣的照片饒富趣味。

李白「把酒問月」除了「古人不見今時月，今月曾經照古人」，前面還有「人攀明月不可得，月行卻與人相隨」。小時候覺得這真奇妙，我走，月亮跟我走；我停，月亮也停。記得跟同學約好分走不同方向，看月亮到底跟誰，結果居然兩個都跟！試著只張開左眼，將兩手食指對齊，然後閉上左眼，改成只張開右眼，會看到兩根食指看起來分開了，而後面的指頭會往右移，也就是移往觀測者移動的方向。這是因為觀看方向不同，造成景觀的差別，稱為「視差現象」，也是造成「月與相隨」的原因。遺憾的是長大後，似乎月亮就不跟了。是我不再天真，還是月娘另有所鍾？

另外一個現象是地平線上的月亮似乎比較大。但是拍照比對發現並非如此。認知心理學認為這些都是錯覺（當然是）。不妨思索一下是怎樣的錯覺所造成。

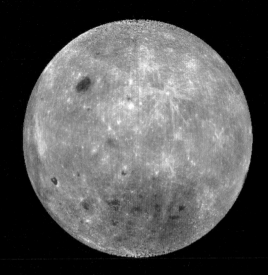

■（左圖）永遠對著地球的月球這一面，以及（右圖）太空船拍到的月球背面。
（影像來源／ Science News http://cdn.sci-news.com/）

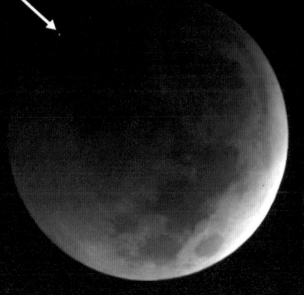

■飄遊在太空的碎石撞擊月面，會發出亮光，並且產生新的表面坑洞。（影像來源／ J. M. Madiedo/MIDAS）

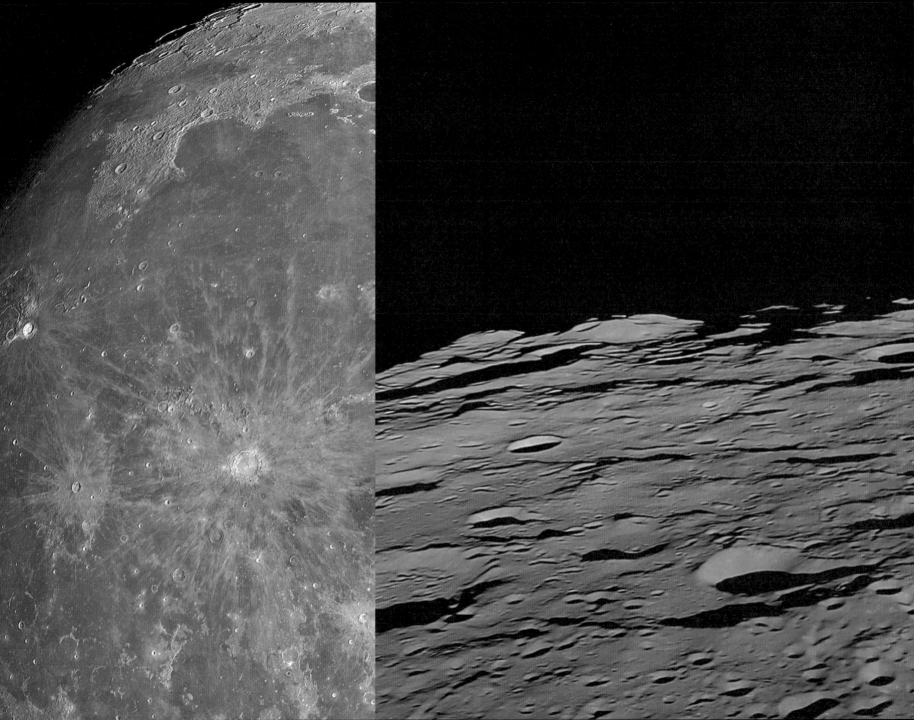

■（左圖）月球表面的照片，可看到明亮與暗黑（較低窪）對比的區域，還有隕石坑以及周圍，由於天體撞擊噴發所造成的輻射狀結構。（影像來源／鮑國全）

■（右圖）日本的月球太空船 Kaguya 號所拍攝月面與地球的照片。Kaguya 是日本傳說中的月亮女神。Kaguya 任務原名 SELENE 輝夜姬號，在 2007 ～ 2009 年間取得當時最清晰的月面照片。

■繞行火星的 Mars Reconnaissance Orbiter 利用高解析力相機所拍攝火星表面新丘產生的隕石坑，以及周圍的輻射狀結構。

此隕坑乃比對 2020 年 7 月以及 2012 年 5 月的影像，發現此直徑只有約 30 公尺的隕石坑在這段期間形成。（影像來源／NASA/JPL）

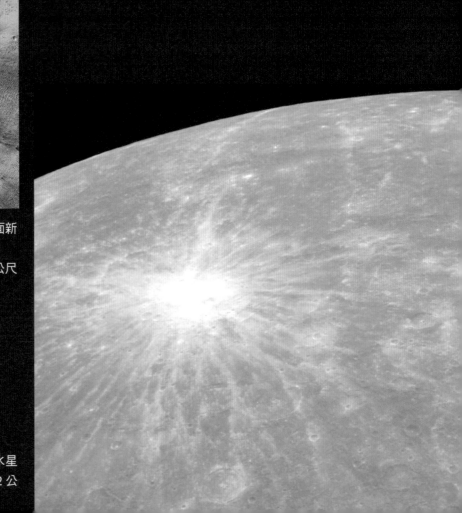

■繞行水星的 MESSENGER 太空船所拍攝水星表面，名為 Kuiper 的隕石坑，直徑大約 62 公里，也有隕坑輻狀結構。

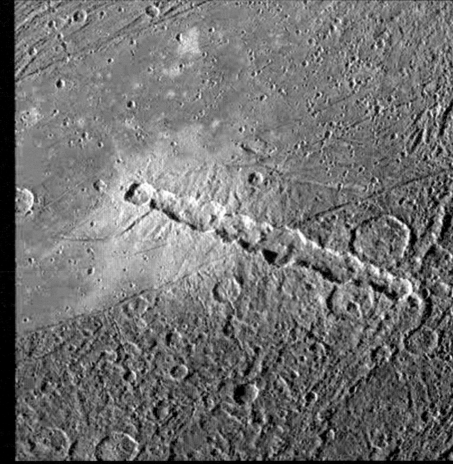

■木星的衛星 Ganymede 表面名為 Enki Catena 的鍊狀隕石坑，可能源於天體（例如彗星）分裂後撞擊。影像的寬度大約 200 公里。（影像來源／ NASA/JPL/Galileo/Brown U.）

■火星表面的 Lowell 隕石坑呈現環狀結構，直徑約 200 公里。（影像來源／ NASA/ASU）

06 地球有幾個月亮？

這個問題考試一定不會錯。不需要教科書，我們也知道答案，因為日常生活只看到一顆。是生活難，還是教科書難？

兩個天體之間的萬有引力彼此吸引，強度一樣，質量大者反應小。這是為什麼地球與太陽其實互繞，但是太陽幾乎不動，而地球因為質量小得多，只有太陽的三十三萬分之一，因此說地球繞著太陽轉動。

繞著恆星轉動的天體稱為行星，繞著行星轉動者稱為衛星，而繞著衛星運行的或許該叫「衛衛星」。除了眾多的「人造」衛星，地球的天然衛星就是我們熟悉的月球。月球與地球都不會自己發光，陽光永遠照亮半個球面，當月球繞著我們，不同日子從地球看到亮面改變，而有了「圓缺」現象。當月球運行到太陽的另外一邊，我們看到整個亮面，就是滿月；而要是月球與太陽在同樣一邊，亮面對著太陽，我們只能看到暗的半面，從地球幾乎看不到月球，就是新月。如圖，從太空船幫地球「自拍」的照片，能看到地球受到太陽照耀，也和月球一樣有半面明亮。

2020 年 2 月 15 日位於美國亞利桑那州的 Mount Lemmon Observatory 在巡天觀測時，發現一顆小天體，編號為 2020 CD$_3$，後續觀測確定它目前繞著地球轉，成為地球的衛星。2020 CD$_3$ 跨距只有兩、三公尺，如轎車般大小。目前認為它可能於 2015 ～ 2016 年間被地球引力捕獲，軌道極不穩定，加上月球引力干擾，可能短期內就不再繞行地球了。2020 CD$_3$ 撞擊地球的機率極低，就算發生了，這樣的大小可能在大氣層中就瓦解了，不致構成威脅。之前 2006 ～ 2007 年間，有另顆小行星 2006 RH$_{120}$ 也曾短暫成為地球衛星。

到目前為止，月球仍是地球唯一「忠實」的天然衛星。

■從國際太空站拍攝地球大氣與滿月（影像來源／NASA）

■位於夏威夷的八米雙子星（Gemini Notrh）望遠鏡所拍攝的 2020 CD₃ 影像，由三張在不同波長拍攝的影像合成彩色。曝光期間望遠鏡持續對準目標（中央的亮點），而其他恆星因此拉長成條狀。（影像來源／Gemini/NSF/AURA/G. Fedorets）

■伽利略號（Galileo）太空船前往木星途中，於 1992 年幫地球與月球「自拍」。兩者都受到陽光照耀而半邊明亮。（影像來源／NASA）

07 沒有月亮又怎樣？

生活中有些事情我們視為理所當然，像是囉唆的師長、滿街的好咖啡，還有亂七八糟的電視節目。「要不然呢？」我喜歡上課時討論這樣的題目，這樣的假設命題沒有標準答案，但是必須有深刻瞭解，才能延伸「如果事情不是這樣，會是如何？」的思辨。「What If」引發另類思考。如果明瞭事情原委，這就是創意，但要只一味另類思考，那只算空想。《倫語》孔子曰：「學而不思則罔，思而不學則殆」就這個道理。

要回答「如果沒有月亮會怎麼樣」，必須知道月球對我們有何影響。太陽系其他行星要不沒有衛星，要不都非常小，只有月球又大又近。影響最明顯，就是月球的引力造成潮汐現象。由於萬有引力與距離有關，因此月球對地球各部分的引力不同，固態地球便受到引力差而扭曲。包覆在地表的海洋更因此拉成略呈橢球狀，當地球自轉一圈，某地就經歷海面高、低，而有兩次漲、退潮。太陽雖然比月球大得多，但因為距離遠，引發的潮汐效應只有月球的一半。有些科學家認為地球生命的起源，潮汐的沖刷（潮間帶）可能很重要。要是沒有月球，生命的出現可能推遲很多。

海水橢球隨著月球繞地球一圈，需時約一個月，所以這個橢球並非指向月球，而受到地球自轉拉動（快得多，一天一圈），指向月球軌道「前方」（如圖）。有了這樣的力矩，月球將海洋橢球拉慢，地球自轉因此越來越慢，每世紀大約慢 0.002 秒，地球早年或許每天只有 6 ～ 10 小時（這樣早些放學）；於此同時，橢球則將月球拉快，因此離地球越來越遠，每年約遠去 4 公分（差不多長指甲的速度），長此下去，或許幾億年以後地表就看不到日全食了。

又大又近的月球另外一個重要功能就是穩定地球的自轉軸，使得地球有規律的四季，而不致有極端又不規則的溫度變化，也有利於孕育生命。

俗云「天生我才必有用」，天體亦然。

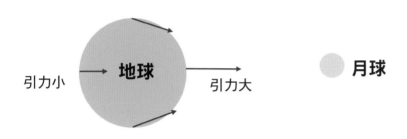

引力小　　　地球　　　引力大

月球

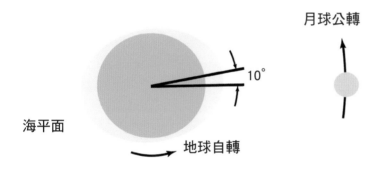

月球公轉

10°

海平面

地球自轉

■（上）地球不同部位與月球距離稍微不同，受到的引力有差別；
（下）海平面受此引力差影響而突起，因為地球自轉快而指向月球「前方」。

（此為示意圖，地球與月球大小、距離，以及引力強度皆未按比例繪製）

■月球與海水潮汐現象有關。

08 太陽系的戶口名簿

太陽系有幾顆行星呢？這要看問誰，在哪個年代問。

古人認知有五顆行星：金、木、水、火、土。廿、卅年前，當時知道太陽系有九顆行星。從太陽算起，距離近的四顆（水星、金星、地球與火星），跟距離較遠的四顆（木星、土星、天王星、海王星）明顯不同。裡面四顆距離太陽比較近，體積小得多，成分為耐高熱的物質，有陸地存在。外面四顆都比地球大很多，其中木星與土星主要為氣態，最外面的天王星與海王星則主要為冰態。

最遠的冥王星，直到 1930 年才被發現，自始就是異類，它距離太陽遠，但比月球還小。其他行星繞太陽的軌道都接近圓形，且幾乎在同一平面，只有冥王星軌道明顯橢圓，而且與其他行星不共面。之後在海王星之外發現了一批天體，大小與冥王星不相上下，軌道性質都是橢圓而不共面，顯然冥王星與它們才是同類。於是 2006 年天文學家投票決定（這居然可以投票！）把冥王星降級成為「矮行星」，它們也繞行太陽，質量比一般行星小，不足以清除軌道上其他小天體，但足夠大到因為引力成為球體，有別於小行星。

太陽系現知有 8 顆行星。隨著我們的地理知識越完整，太陽系已知的成員越來越多，分類也越精細。目前不確定太陽系共存在多少顆矮行星。截至 2020 年，經過國際天文聯合會認證的矮行星有五顆，除了冥王星，還包括穀神星（Ceres，小行星帶當中最大的小行星）、閱神星（Eris）、鳥神星（Makemake），以及妊神星（Haumea）。以後可能還會陸續增加。太陽系另外還有為數眾多的小行星與彗星。

美國NASA於 2006 年 1 月發射「新視野號」前往冥王星，途中經過了小行星、木星，終於在 2015 年 7 月抵達並快速飛越冥王星，然後於 2019 年飛越暱稱為 Ultima Thule（後命名為 Arrokoth）的小天體，目前太空船仍正常運作，正高速離開太陽系。有趣的是，新視野號發射的時候屬於「行星級」探測任務，結果航行途中，冥王星居然被除名，但絲毫無損任務成功，獲得了極珍貴的科學數據。人類觀看天地的視野不斷擴大，對於宇宙的歷史與地理也有了新的認識。

■（左圖）「新視野號」太空船接近冥王星時，所拍攝的影像，（右圖）為冥王星最大的衛星Charon。（影像來源／NASA/JHUAPL/SwRI）

■冥王星與地球、月球的大小比較圖。（影像來源／ NASA/Gregory H. Revera/JHUAPL/SwRI）

太陽系家族之「戶口名簿」

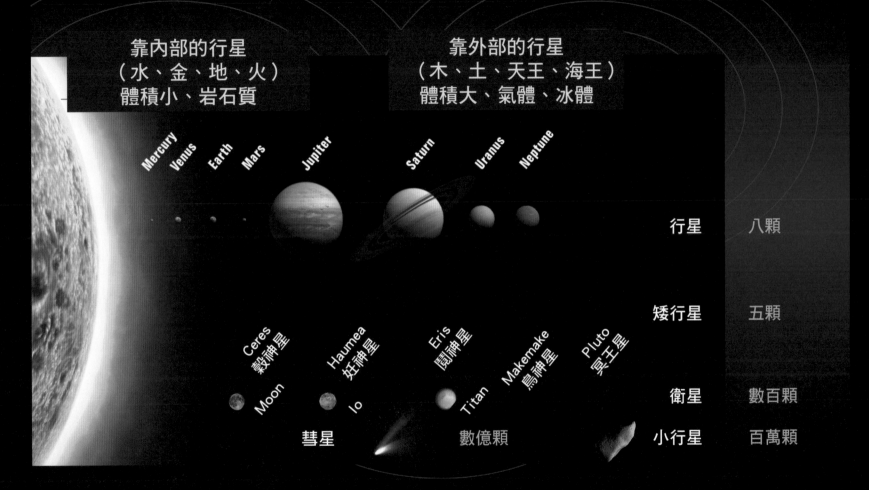

靠內部的行星
（水、金、地、火）
體積小、岩石質

靠外部的行星
（木、土、天王、海王）
體積大、氣體、冰體

Mercury　Venus　Earth　Mars　Jupiter　Saturn　Uranus　Neptune

行星　　八顆

矮行星　五顆

Ceres
穀神星　　Haumea
妊神星　　Eris
閻神星　　Makemake
鳥神星　　Pluto
冥王星

Moon　　Io　　Titan

衛星　　數百顆

彗星　　　　　數億顆　　　　小行星　　百萬顆

■太陽系家族「合照」。大家長是中央的太陽，有八顆行星繞行。太陽與八顆行星依照大小比例呈現，但距離未照比例。靠內部的四顆行星（以岩石質為主，體積與質量小）與靠外圍的四顆（氣體或冰體為主，質量、體積大，衛星數多）性質不同。另有五顆矮行星，以及超過百萬顆小行星，這些都繞行太陽。小行星存在太陽系各區域，以火星與木星之間最多，稱為「小行星帶」。繞行行星的天體稱為「衛星」。月球是地球的衛星，直徑約地球四分之一，比任何矮行星都大。太陽系外圍還有無數彗星，一旦接近太陽，冰體昇華，受了太陽輻射壓力以及重力影響，展現出彗髮與彗尾的現象。

09 太空採礦

地質成分並非均勻分布，形成了礦區。世界最深的礦坑深度不過四公里，多為金礦、鈾礦等，因為周圍壓縮的力量極大，再深就挖不下去了。煤礦甚至只有百公尺深，就已經很危險，迭有坍塌災害。一方面有些民生與工業用元素，尤其稀土，可能數十年內用罄，必須另尋來源；另方面也不能繼續讓自家地球千瘡百孔，於是腦筋動到了太空。

數字必須有單位，還有誤差，才有意義。另外數字有比較，才有意思。幾公里礦坑的概念，不妨跟地球直徑約 1 萬 3000 公里相比（好吧，赤道方向比兩極稍微長些），而地球最高峰 8,848 公尺，也就是不到 9 公里（好吧，這高度是從海平面算起，而夏威夷安放了多座大型天文台的 Maunakea，中文稱為白山，從海床隆起算起超過 10 公里，但海拔只有 4 公里多一點）。世界最深的馬里亞納海溝在西太平洋，最深約 11 公里。換句話說，這些地表的高低（高山、深海、礦坑）根本凹凸不明顯，從太空看，地「球」還是曲線平滑。

地球形成之初，持續受大量小行星轟擊而處於熔融態，鐵、鎳等重元素沉入中央。地表的礦物，除了少數由地球內部冒出來，絕大多數來自過去幾十億年來小行星撞擊所帶來。小天體沒有經過分化，礦物含量豐富，因此規劃前往小行星或彗星開採似乎順理成章。畢竟人類歷史無論是駱駝商旅，或是船隊出航，早有向外開拓資源，只不過今日是用太空船。

太空飛行極具挑戰。厲害的 100 公尺短跑選手，時速差不多 40 公里（騎車這個速度就沒有很厲害），大隊接力偶爾也掉棒子。兩架飛機以各自數百公里的時速穩定飛行，維持比走路還慢的相對速率，可以完成空中加油。子彈速率差不多 1 秒鐘 1 公里。天體運動快得多：地球繞太陽 1 秒 30 公里，相當於時速 10 萬公里，因為太空沒有阻力，我們絲毫沒有感覺。小行星與彗星的速度依照軌道與位置而異，有可能動得更快。這幾年登陸小行星、彗星的任務，甚至取樣後又飛回地球，真是讓人嘆為觀止。圖示是名為 Bennu 的小行星，直徑 490 公尺，預期開鑿鐵礦，目前太空船正接近試圖取樣。

太空採礦的困難，主要在於經費昂貴，另外還有如何開挖，以及確定哪些小行星有哪些礦產。跟地球採礦不一樣的是，可以把不到 1 公里的「小」小行星抓來放入月球軌道，

就近取材。與登陸月球或火星不同，這樣的太空探測有龐大商業利益。你問，怎麼糟蹋完了地球，又跑去染指其他天體，國際沒有規範嗎？誰說可以的？

我的回答是，人家已經在做了。我們可以討論後，決定不做，但不能不做也不討論。

■編號為 101955，名為 Bennu 的小行星，大小不到 500 公尺。這張照片來自 OSIRIS-REx 太空船就近拍攝後合成。太空船於 2020 年 10 月成功登陸表面，並取得樣本，預計於 2023 年攜回地球，以研究其表面地質。（影像來源／NASA/Goddard/U. of Arizona/OSIRIS-REx）

10 光與顏色

「為什麼熱的恆星是藍色，而冷的恆星則是紅色？」先來個懶人包：（1）光是種震盪的波動，能量跟頻率有關，震盪頻率越高，能量越強；（2）能量是連續的，常以藍光代表高能量、高頻率（也就是波長短），而以紅光代表低能量、低頻率；（3）恆星是發光體，熱的恆星發出較多高能量的光，所以看起來偏藍；低溫的恆星則偏紅。

啊，可是大自然不懶。

我們活在多彩的大千世界。對顏色的反應，是眼睛感應了光線後，由大腦解讀，是主觀的感覺；同樣一件藍色毛衣，在光線充足，與在昏暗環境下，看起來顏色可能不一樣。顏色是光的一種性質，與能量有關，光線以光速前進，同時電場與磁場交互震盪，頻率越快能量越高。眼睛看到的藍綠光，比黃橙光頻率高。顏色是個連續的概念；考試「彩虹有幾個顏色」是個不合理的題目。

能夠看到某樣東西，是因為它發出了光線，有些是自己能發光，像是燈泡、太陽。有些發光體的顏色跟它的溫度有關，溫度越高就發出越多高能量的光。例如鐵燒到高溫，剛開始發紅，接著黃橙，更熱了以後就呈現藍白色。恆星是自行發光的氣體，原理也是一樣，冷的恆星表面只有2000多K（K代表絕對溫標，比攝氏多了約273度），發出的光線以紅光為多，而熾熱的藍白恆星，則溫度超過數萬K。如圖顯示不同溫度的恆星，呈現不同顏色。

並非每種發光體的顏色都跟溫度有關。例如日光燈就不是全波段輻射，而只在特定波段發光。LED燈泡也不是利用高溫產生光亮，因此有不同種類的「顏色」。這些都比傳統的白熾燈泡省電，卻有更高的照明效率。

有些東西自己不發光，但能夠反射光線，像是牆壁、月亮，這些要是沒有光源，就看不到了。它們吸收了光線，剩下的反射出來，才是我們看到的顏色。

因為視覺提供生存優勢，因此生物發展出不同的機制。對於人類的視覺，光線由瞳孔進來，成像在視網膜上，由視覺感光細胞接收。無論是水汪大眼或是瞇瞇眼，瞳孔都不到1

公分，年紀漸長還會縮小。感光細胞分成桿狀與錐狀兩種。有趣的是，視錐細胞能感應顏色，但視桿細胞靈敏度高，能感應較暗的光線。這就是為什麼當我們從亮處進入暗處，除了瞳孔放大，會有段「切換時間」，之後逐漸適應能看到四周，但是東西的顏色則不再清晰，驗證了「在陰影之下，只有黑白，沒有藍綠」。

■ NGC 4755 俗稱「珠寶盒星團」，位於南十字座方向，距離我們 6 千 4 百多光年，是個年輕星團，年齡大約 1 千 4 百萬年。當中的星球呈現不同顏色。（影像來源／ESO）

■白天色彩繽紛的景色，在光線不足時，顏色會變得不明顯。（圖片來源／李汪華）

■銀河的一部分，可看到不同顏色的天體：除了紅色雲氣，黑色塵埃，還有不同顏色的恆星。圖中央為南十字座，為全天88個星座最小，左下方為大規模的暗黑「煤袋星雲」。上兩頁的 NGC4755 星團則在十字形緊鄰左邊那顆星的左下方，煤袋星雲之上。（影像來源／王為豪）

11 原子的結構

原子是物質最基本的單位，有如樂高積木，能建構成各種化學元素。日常生活接觸的「東西」都由各種元素組成。特定的原子又可以結合成分子，例如水分子就由一個氧原子與兩個氫原子構成。

原子非常小，大小約 10^{-10} 公尺。原子的結構包括中央的原子核，當中有不同數量帶正電的質子與不帶電的中子，原子核外面則圍繞了帶負電的電子。不同數量的質子構成的原子核，成為性質各異的元素。氫是最簡單的元素，其原子核只有單一個質子，沒有中子，外面則繞了一個電子；第二簡單的元素是氦，原子核包含了兩個質子與兩個中子，外面圍繞了兩個電子。

中子的質量跟質子差不多，但是電子則小得多，大約只有質子的 1/1836。所以氦原子的質量差不多是氫原子的四倍。氧原子核有八個質子加上八個中子，外面有八個電子。整個原子正電與負電相同，形同中性。如果原子核的質子數相同，但中子數不同，則為相同元素的「同位素」。要是某原子因故減少了或增加了電子，不再是電中性，就稱為「離子」。

電子繞在原子核外圍，與地球繞太陽有固定軌道面不同。像電子這樣的小東西，不是我們熟悉的一個個顆粒，而像一股如波動的能量，環繞在原子核外。想像大樓各樓層的家具都放在地板上（沒有樓梯也沒有樓中樓），可以搬來搬去，但不是在一樓，就是在三樓等等。電子也如此，只能出現在特定的「軌域」，各自對應了「能階」。位於第一能階的電子，受到原子核的電力強，因此需要提供特定能量才能把電子「激發」到第二、第三能階等等。原子彼此碰撞可以提供能量，或是有特定能量的光線照耀，也可以激發電子。不是這些特定能量的光則不行。受激發後的電子，也可以發出特定能量的光，然後回到低能階。

科學計數是表示數字的一種方法，以 10 為底自乘，例如 10^4 唸成 10 的 4 次方，表示 10 自乘四次，也就是 10000（一萬），1 後面有四個零。而 10^{-10} 表示小數點後 10 位。這樣的計數方式，尤其很大或很小的數字，表達與運算都方便。

公尺也稱米，然後加個倍數，例如「毫」是千分之一（10^{-3}），「微」是百萬分之一（10^{-6}），而「奈」則是十億分之一（10^{-9}）。平常用的公里就是千米，公分是厘米，而微米則是奈米的一千倍長度。

一般原子大小約 1 埃，相當於 1 奈米的 10 分之 1。平常所說的 PM2.5，是描述 2.5 微米大小的空氣懸浮微粒。PM2.5 這樣的顆粒肉眼看不到，大小相當於數萬個原子。

水分子結構示意圖　　二氧化碳分子結構示意圖　　酒精分子結構示意圖

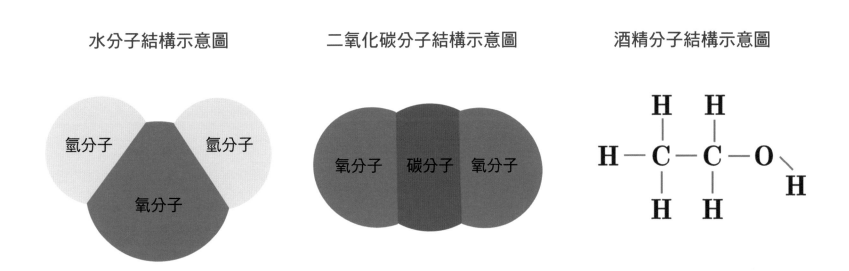

氫分子　氫分子　氧分子

氧分子　碳分子　氧分子

■ 分子由個別原子，以不同方式結合而成，兩兩原子之間有鍵結連接，受到激發後可以震動、擺動、拉動。微波爐就利用激發某些分子來加熱食物。酒精由碳、氫、氧多原子組成。二氧化碳結構上也是兩個同樣原子與另種原子結合，但是水分子結構偏一邊，二氧化碳則成線狀對稱。

12 元素的光譜

波動是種來回振盪而傳遞能量的現象。例如水波，或者甩繩子時，繩子在原地上下震動，把能量帶向前，跟震動的方向垂直。擠壓彈簧或聲波（擠壓空氣）則鬆緊間隔，震動的方向與波動前進的方向平行。

電荷周圍形成電場，而移動的電荷就是「電流」，這樣電場有了變化，便產生磁場（安培定律）。同樣的，如果磁場發生變化，就產生電場（法拉第定律）。而當磁場與電場相生，交替變化，形成波動現象，就是電磁波。

電磁波震盪得快（頻率快，波長短），能量就強。我們眼睛感應的「可見光」，俗稱光，屬於某能量範圍的電磁波。能量比可見光低的稱為「紅外線」，能量更低（波長更長）稱為電波，我們熟悉的廣播、電視訊號都屬這個波段，所以也稱為無線電波。手機，微波爐的訊號（輻射）也都屬於這樣的長波。比可見光能量高的稱為「紫外線」，能量更高（頻率更快）的還有「X射線」、「伽瑪射線」。光除了有波動的特性，也像粒子，輻射能量有如發射出一個個「光子」。

光譜就是光線依照波長（或頻率）的強度變化。三稜鏡、彩虹、地上的油漬、CD片的彩紋，都是光線依照不同能量（顏色）分開的例子。

當原子受到光線照射，可能吸收特定能量，原來如彩虹般的光譜，就會少掉這些能量的光線，光譜便出現暗線。由於各元素的原子結構不同，吸收的特定能量不同，因此由這些譜線的波長，便能指認是哪種元素造成的吸收。

光譜的應用繁多，也不僅止於原子，例如分子或物質都有特定光譜。要檢驗食物的成分，除了化學實驗（看有哪些反應），也可以利用光譜來分析。

光譜是研究天體很重要的工具，因為不僅止於測量「東西有多明亮」，還探究光線怎麼隨波長變化，尤其有了譜線，還能推測天體的成分，物理與化學性質，甚至運動狀態。所以有俗話：「一張圖片勝過千言萬語，而一個光譜則勝過千張圖片！」

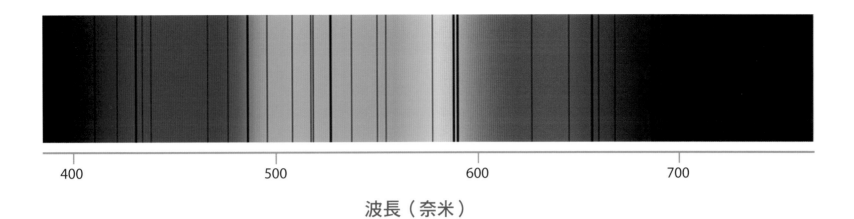

波長（奈米）

■平常看到的白色（透明）陽光，經過分光（依照波長分開）就成了光譜。此處顯示的太陽光譜，背景的彩虹顏色代表波長，短波長偏藍，而長波長偏紅，兩端黑色表示肉眼無法感應。垂直的黑線表示該能量（波長）被原子或分子吸收。

■（圖片來源／李汪華）

13 天空為什麼是藍色？

夜市有種遊戲，在傾斜的平板上面插了針釘，當彈珠從上滑下，經過層層針釘碰撞，彈珠會受到彈射而走不同路徑。如果彈珠明顯小於鄰近針釘的間隔，碰撞次數少，路徑比較不受影響，而要是間隔小，彈珠不斷轉方向，路徑就比較凌亂。

當我們大步前進，會比較不受路上石頭影響，但如果小步走，有如玩具車那樣，那麼遇到石頭就得轉向。同樣道理，如果以紅、藍光為代表，長波長的紅光（跨大步）比較能超越障礙，而短波長的藍光則容易受到阻擋。這就是為何警示燈多用紅光，比較不受霧氣、塵埃擋光。

空氣中的氧分子大小約 0.292 奈米，氮分子稍微大一點，約 0.300 奈米，這是因為氧原子核有八個質子，比氮原子多一個正電，因此把外圍電子拉得比較近。可見光的波長差不多 500 奈米，比空氣分子大多了，造成光線照射到空氣，產生散亂反射。來自太陽的光線，經過大氣如此「散射」後，

短波長的光線比較容易被散射，所以來自「太陽以外其他天空」方向的光線以藍光為多（紅光透出去了）。當障礙粒子（空氣分子）比波長小很多時，散射現象特別明顯，尤其短波長更加顯著。

但是當障礙粒子的大小與波長相當時，例如塵霾或大氣中的小水滴，長、短波長受散射影響差別不大，這時候的天空便呈灰色。

日出及日落時，太陽在地平線附近，陽光經過大氣較長距離，來自太陽方向的藍光較有機會被散射，穿透以紅光居多，故此時太陽呈現紅黃色。日出前經過一晚低溫，懸浮粒子與塵埃下沉。而黃昏時經過白天喧囂，塵粒四揚故散射明顯，以致夕陽比旭日更鮮紅。

所以地球上白天藍色的天空，以及紅色的夕陽，都是大氣散射的結果。那麼在月球上會如何呢？火星落日呈現藍紫色又是什麼原因呢？

■藍天之下的鹿林天文台，位於嘉義縣與南投縣交界，海拔 2862 公尺的山頂設有一米口徑以及其他望遠鏡，進行天文觀測。台址另安置大氣、環境科學、地震等設備，為我國珍貴的高山科學基地。望遠鏡遮罩多漆成淡色，以有效反射陽光，降低室內增溫。良好的天文台址要求晴天率高、光害低、大氣穩定、後勤方便。（影像來源／林宏欽）

黃昏時來自太陽的光線受散射影響偏向橙紅，造成大氣昏黃。這張照片攝於密雲天文台，夕陽與電波陣列同框。（影像來源／崔辰州）

■火星白晝時顏色偏紅，但這張火星落日的影像，由「好奇號」於 2015 年拍攝，因為大氣中的懸浮粒子大小更容易讓藍光穿透，使得整個火星地景色調呈現藍紫色。（影像來源／ NASA/JPL-Caltech/MSSS）

14 得天獨厚的地球

金星與火星是地球的鄰居，如果地球距離太陽是 1，那麼金星是 0.7，而火星是 1.5。這三姊妹有迥然不同的性質，尤其是大氣。

行星最原始的大氣與當初形成太陽與行星的那團雲氣的成分相同，主要是氫氣與氦氣。之後火山活動與岩石擠壓釋放出二氧化碳、阿摩尼亞與水，另外天體撞擊可能也提供了一些水，這就是第二代大氣。地球目前的大氣主要來自生物，藍綠藻以及後來的植物行光合作用消耗了二氧化碳，同時製造了大量氧氣，占了大氣的 1/5。其餘幾乎都是氮氣（78%），除了火山活動，主要來自生物活動，以及陽光分解阿摩尼亞而釋出氮氣。動物的出現歸功於這樣的大氣，其中的氧氣提供呼吸以取得能量。高山上氣壓低，再也壓制不住水分子蒸發，水的沸點因此下降，水的熱含量不足，即使沸騰，也不易煮熟食物。地球的大氣，重量（氣壓）使得地表的水得以液態存在，也阻擋了來自太空小天體的撞擊。

金星比地球略小，但距離太陽比較近，原本應該稍微熱些，卻因為金星表面缺乏液態水，以致於二氧化碳留在大氣中，而無法像地球一般溶於海水，或成為貝類碳酸鈣埋在海底，再加上大氣中的水氣，造成金星嚴重的溫室效應，表面將近攝氏 500 度，連鉛都會融化。厚重的大氣造成金星外表灰白，表面不見天日，氣壓將近地球 100 倍，大氣中還有硫酸雲，絕對不適合旅遊。

火星的質量只有地球 1/10，表面的氣壓不到地球 1%。從地球就看得到紅色的表面有峽谷等地形造成的明暗結構。大氣雖然稀薄，但是也有沙塵暴，由於氣壓不足，表面沒有液態水。目前已經有多次太空任務登陸火星，證據顯示火星表面曾經有大量水流，地下甚至可能有水，整體環境要比月球更容易改造成適合人類居住。

一般都說開店、住家，最重要的三個因素是：地點，地點，還是地點。看來找個適合居住的行星，也是如此。

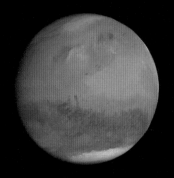

■紅色的火星直徑只有
地球一半，大氣稀薄。

■地球富含液態水，除了海洋，
大氣與地下也有很多水。

■金星的直徑約為地球
95%，但是大氣厚重，
導致嚴重的溫室效應。

■月球大小只有地球 1/6，
缺乏大氣。

■這張 Earth at Night（地球之夜），由數百張衛星影像所合成（事實上地球不可能同時各地都是夜晚，為什麼？），可以看出人口（照明）集中之處。你認得出哪些城市呢？（影像來源／NASA/NOAA）

15 都卜勒效應怎麼了？

這個物理現象常見於生活中。想像有人在湖的另一邊，每秒鐘輕拍水面一次（頻率為 1 赫茲），我們這邊就收到一秒鐘出現一個漣漪。要是那人現在如哈利波特般飄浮在空中向我們而來（不要問為什麼），但仍持續拍打水面，這樣後來發出的訊號走的距離越來越短，逐漸趕上了之前的漣漪，我們一秒鐘內就不止收到一個訊號（快於 1 赫茲），也就是頻率變快了。而要是波源離我們遠去，那麼接收到的頻率則會變慢。這就是「都卜勒效應」。

火車鳴笛經過時，可以體會這個效應：當火車接近時聲音越發高亢，而離去時同樣的鳴笛聲則越來越低沉。其他的應用像是警察測車速，或是測量投手球速，則以雷達（音波）或是光達（光波）發出特定頻率的訊號，然後跟反射回來的相比，就可以利用都卜勒效應估計物體的運動快慢。以超音波為波源，則可依此原理建構影像，檢查血液流動或心臟跳動的情形。

兩顆星互繞時，當其中一顆離我們而去時，另一顆朝向我們而來，這時即使從望遠鏡中看不出雙星中個別星球，也能利用都卜勒效應測量它們的運動。原來該有特定波長的光譜線（實驗室中量得），當星球朝著我們而來，所有譜線頻率增加，也就是波長變短，移向藍光；而當星球離我們遠去，譜線波長變長，稱為「紅移」。但要是雙星的軌道面完全正向我們，這時候沿著我們視線，星球運動只有上、下、左、右，而不再有遠、近的運動，就測量不到都卜勒效應了。

星系由恆星組成，但光譜仍展現特定元素（例如氫、鐵）的譜線，當某星系離我們遠去，它的譜線便往長波長移動，此時由紅移的程度，便能估計此星系離去的快慢。有些天體離去的速度非常快，原來屬於紫外波段的譜線，可能出現在可見光甚至紅外波段。

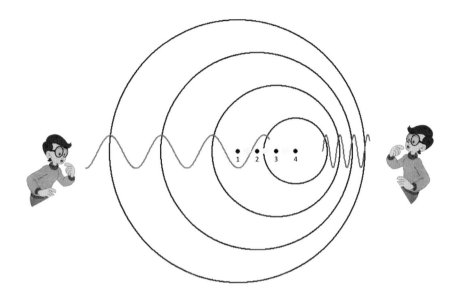

■當觀測者與波源彼此遠離或接近，接收到的訊號頻率會改變，這就是都卜勒效應。若觀測者朝向波源運動，看到訊號就會變快，也就是頻率增加而波長變短，稱為「藍移」。相反的，要是觀測者與波源彼此遠離，訊號的頻率降低而波長變長，稱為「紅移」。相對速度越大，波長藍移或紅移的程度也越大。

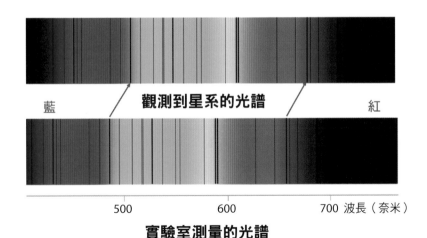

藍　　　　　**觀測到星系的光譜**　　　　　紅

500　　　　　600　　　　　700 波長（奈米）

實驗室測量的光譜

■當某星系離我們而去，所有光譜線會從原來所在的波長向長波移動（紅移現象）。要是天體向著我們而來，光譜線就會藍移。依此原理便能估計天體沿著視線方向的運動快慢。

16 無所不在的行星

我從小愛天文，聽到太空的事情就很興奮，在缺乏資訊的年代，甚至讀辭海裡的天文名詞來過癮。大學參加天文社，之後出國念研究所，現在當老師快卅年，學習的腳步不曾停歇；學著怎麼找問題，找答案。

天文學大概是知識翻新最快的學科之一。大學基礎天文學課本在美國幾乎兩年就出新版，新聞報導也常有宇宙新知，我即使在第一線做研究，也趕不上更新。這歸因於宇宙浩瀚，當中環境極端：極熱、極冷、極稀鬆、極緻密、極快速、極緩慢；很多現象地球上看不到，還有眾多「怪異」的天體與現象。我常覺得幸運，這輩子經歷了不少「改寫歷史」的發現，其中之一就是行星。

不過數十年前，教科書說太陽是太空中唯一已知有行星繞行的恆星，我們所在的地球就是顆行星，因為與太陽距離適中，加上有足夠引力抓住大氣，以致於表面有大量液態水，又有磁場阻隔來自太空的危險物質，因此生命得以蓬勃發展。雖然根據推斷，恆星誕生的時候，多半也產生了行星，行星照理無所不在，但由於行星本身不發光，因此要偵測它們十分困難。

時至今日，運用靈敏的儀器與特殊技術，天文學家在太陽系以外發現了超過數千顆行星。這些「系外行星」稱為 extrasolar planets，衍生出新的英文單字 exoplanets, 包含的種類繁多，有的比木星還大，但是離母恆星很近，跟太陽系迥然不同。除了大型的氣態行星，我們尤其對類似地球的行星感興趣，例如它們是否也有陸地，與母恆星距離恰當，是否也有大氣層，甚至表面有湖泊，整體環境適合孕育生命等等。

除了利用望遠鏡觀測，人類可以實地拜訪太陽系天體。我當學生的時候，行星科學有點乏味，因為太陽系走透透之後，就開始意興闌珊了。直到發現恆星周圍多半都有行星，原來屬於地球科學範疇的地質、大氣、海洋，甚至生物等課題有了新的視野，系外行星成了熱門的研究課題。

所以恆星周圍有行星是常態，而非例外。某課題或科系是否熱門因時代而異。

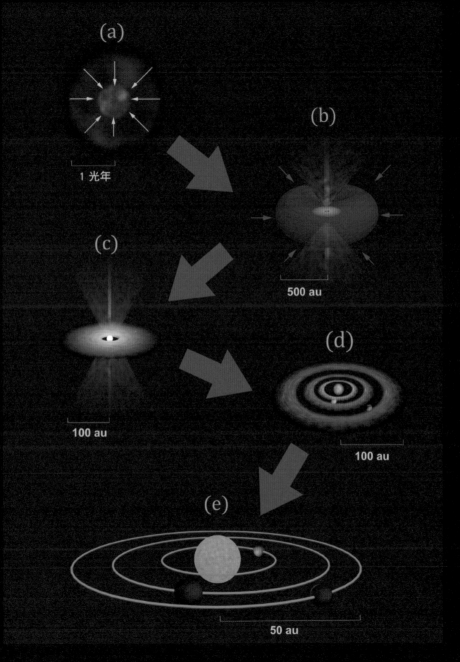

(a)

1 光年

(b)

500 au

(c)

100 au

(d)

100 au

(e)

50 au

■恆星與行星誕生示意圖。

(a) 一開始濃密的星際分子雲因為本身引力而收縮。

(b) 分子雲因為旋轉而呈現扁平狀,繼續吸積周圍物質,中央出現了原恆星,因為吸積而發熱,但仍深埋在雲氣中而不可見,在兩極則產生噴流。

(c) 中央剛誕生的恆星因為雲氣消散而可見,周圍的塵埃聚集在環星盤中。兩極持續有噴流。塵埃受到星光加熱,放出紅外輻射。

(d) 環星盤當中的塵埃逐漸聚集成為行星,一方面繼續在原來的扁盤上繞行恆星,另方面清出了軌道上的間隙。

(e) 今日的太陽系示意圖,行星各自的軌道幾乎在同樣平面上,公轉方向相同,且軌道接近圓形。(影像來源／蔡殷智)

17 發現系外行星的世界

行星只能反射恆星的光線，或是靠著溫熱發出微弱的長波輻射，因此除了少數情形，例如利用特殊技術把來自恆星的光減弱，才能直接觀察系外行星，否則必須仰賴間接手段，也就是利用行星對於恆星的位置或運動造成的影響，才能偵測得到。

當恆星周圍繞行的行星夠大，距離夠近，恆星的「反射動作」就比較顯著，而要是在我們視線方向有「前後」運動，這樣以我們為圓心，沿視線方向的「徑向運動」所造成的都卜勒效應，其譜線會出現週期性藍移（所有譜線往短波移動）與紅移的現象。偵測系外行星的另一種方法，是當行星繞行時，若恰巧遮住恆星，發生「凌星」（transit）現象，恆星的亮度會稍微變暗，等到行星不再遮擋時，亮度則會恢復，如圖所示的凌星「光變曲線」。

從系外行星開始遮住恆星，整體光線逐漸變暗，這個時間長短跟行星直徑有關，行星越大，亮度變暗越緩慢。另外，凌星期間亮度的改變依恆星被遮住的部分而異，例如恆星跟太陽一樣，邊緣都比中間來得暗一些，所以光變曲線的底部並非直線。同一顆行星繞行一圈後，下次可能也會發生凌星效應，這段間隔的時間就是行星的軌道週期，這個週期取決於軌道距離，以及恆星的質量。而要是恆星周圍不只一顆行星，會出現不同變暗程度與週期的凌星現象，甚至行星彼此擾動，造成行星軌道週期改變。

凌星現象也發生在軌道位於地球之內的水星與金星，這些稱為「凌日」。另外有種現象稱為「掩星」（occultation），是凌星的一種，通常乃前方的天體全部遮住後面的天體，例如月掩星，或是太陽系內的小行星遮掩遠方恆星。另外太陽被月球遮住，我們就看到日食，或是地球遮住月面的陽光，則發生月食。這些都是天體遮掩的現象。

偵測系外行星還有其他不同方法，但利用徑向都卜勒效應及凌星光變效應成效最佳，先決條件是軌道面必須有利，也較容易偵測距離母恆星近又大的行星。目前更進一步，希望找到類似地球這樣的系外行星。

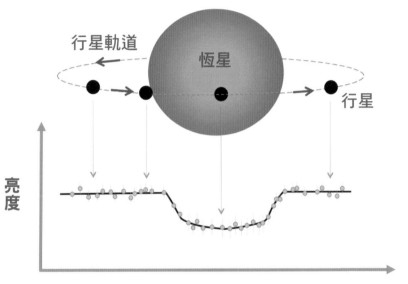

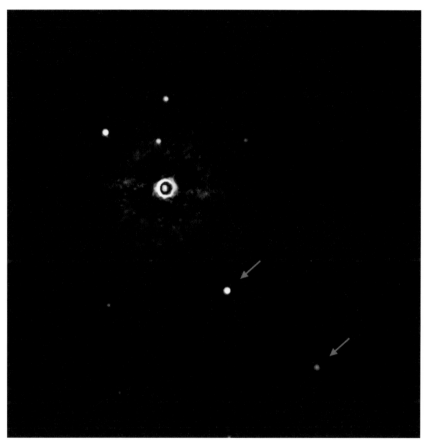

■光變曲線顯示天體亮度如何隨著時間改變。當行星軌道側向著我們，若恰巧遮住恆星的一部分，亮度會稍微下降，然後恢復。從凌星過程的光變曲線可以推算很多恆星與行星的性質。

■利用直接成像法，在編號 TYC-8998-760-1 的年輕恆星周圍，偵測到名為 TYC-8998-760-1 b 及 TYC-8998-760-1 c 兩顆（箭頭所指）繞行的行星，質量數倍到數十倍於木星。更靈敏的觀測或許會發現更小的行星。（影像來源／ESO/Bohn 等人）

18 行星與生命

人類去火星找生物，也規劃鑿破木星的衛星歐羅巴的表面冰層，看看預期的海洋是否有生物。火星已經確定沒有「風吹草地見牛羊」的景觀，多次任務也還沒有發現微生物（曾經）存在的證據。其他行星機會也不大。衛星呢？衛星的英文是 satellite，因為地球的衛星是月球（Moon），所以也用這個字（但小寫）泛指衛星，雖然說邏輯上就不能稱月「亮」了。

水星、金星都沒有衛星，地球有一顆，火星有兩顆小衛星，直徑只有 10 ～ 20 公里，差不多一個城市的大小，可能都是從旁邊的小行星帶抓來的，跟月球一樣貧瘠，缺乏水與大氣，不適合生命出現。

我們於是把眼光放在木星與土星的衛星。它們距離太陽遠，溫度很低，但是或許有其他能源，例如木星的潮汐力拉扯加熱。像是地球的海洋深處，即使完全照射不到陽光，但靠著地熱也有生物自成生態系統。水的特性之一，是固態（冰）居然比液態輕，所以湖面結冰會浮在水面，即使大氣劇烈變熱或變冷，水面下還有機會留住「活水」，讓生命發展。這樣子眾多太陽系當中的衛星，即使表面寒冷，冰層下如果有水，仍有利於生命發展。

去這些地方找生命，到底要找什麼呢？生命沒有嚴格定義，有幾個必要條件，例如營養、生長、運動、感應、生殖，但這些並非充分條件（汽車、電腦、太陽算不算生命？），且已知的生命體也並非都滿足（病毒呢？）。我們目前知道的生命體超過 8 百萬種的動、植物，如果也列入已經絕種的，說不定超過 1 兆。光是微生物的種類，可能就多於銀河系的星星總數。而這些生物都有共同的根源，有類似的組成與特徵，例如物種的繁衍基因幾乎相同，但繁殖出稍有變異的下一代（才能適應環境）。

我們這種生命型態，取用太陽這顆恆星的能量，而能量則來自恆星中央的核反應，植物行光合作用，藉由陽光儲存能量，然後複雜的食物鏈用不同方式獲取生物活動所需的能量。

生命是連串的化學反應。而液態化學比固態或氣態反應快且穩定，例如方糖溶化在水裡，比方糖跟冰塊容易得多，而如果把兩者都氣化，就不好控制了。你我身上的各式皮膜、血管，讓液體（例如水）反應穩定進行。有陸地的固態行星，便是液態反應的極佳平台，就如同平常用燒杯進行實驗，或用碗盤托住湯飯。

當然我們目前知道的宇宙生命只有一種，其他不一定遵循這樣的法則，有些我們甚至可能認不出來，但是尋找適合的恆星周圍適合的行星，是目前最大的機會，也已經取得不錯的成果。

■地球生命豐富而多元，分布於地表、地下、海裡，與大氣當中。

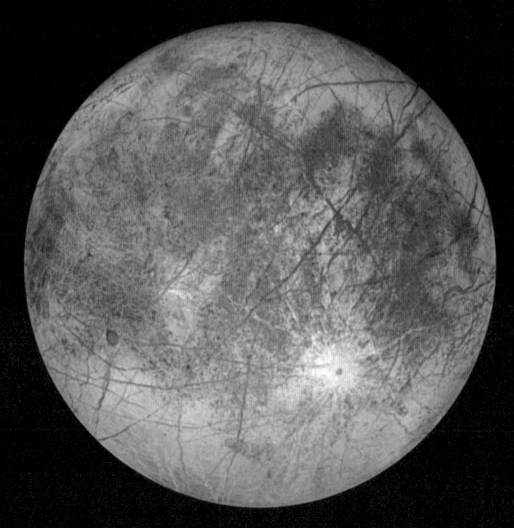

■木衛二（Europa；歐羅巴）直徑約 3000 公里，略小於月球，一般相信滿是裂縫的冰層之下可能有大量海水。（影像來源／NASA/JPL/DLR）

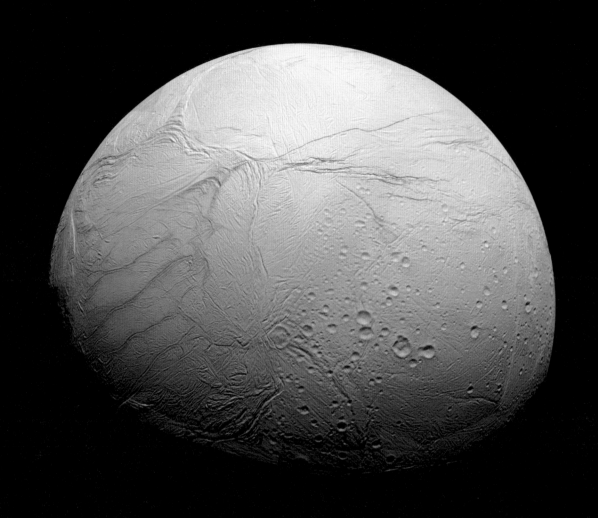

■土衛二 (Enceladus) 直徑大約 500 公里，表面完全由冰所覆蓋，偶有噴泉現象，在厚重的冰層之下，可能有深層的海洋。（影像來源／NASA/JPL）

19 射線說明白

生活中常聽到小心手機、微波爐的輻射，空氣中有塵霾顆粒，太陽有輻射，而太陽風則是粒子，核能廠怕輻射線外洩。另外還有 α 射線、β 射線、γ 射線、X 射線，宇宙射線。到底怎麼回事？

輻射指的是電磁波輻射，而原子、分子則是粒子，兩者不同，但不一定容易分清楚。一般工藝可以用刀具，也可以用雷射來切割。如果是手術，兩者一樣痛！

X 射線是種電磁波，也稱倫琴射線，波長短於紫外線。當初發現的時候不清楚性質，所以冠以「X」，相當於現在的「暗」物質、「暗」能量、「黑暗武士」，都表示未知。太陽的最外層日冕，溫度達一、兩百萬度，在 X 射線波段的強度遠大於可見光，因此在可見光極為明亮的太陽，在 X 射線波段所記錄的影像中，遠遠不如日冕來得明亮。X 射線無法穿透地球大氣，因此要觀察來自天體的 X 射線，得上太空。日常生活所稱 X 光照片，並不是我們會發 X 射線，而是以X 光源照射，穿透我們身體之後的「陰影」，例如骨骼富含鈣，因為原子數多，X 光不易穿透，而含水分的肌肉、血管等容易穿透，影子就比較淺。

γ 射線也是電磁波，波長比 X 射線還短。由於能量高，與物質接觸後造成游離，也會穿透器官與骨髓，因此對生物有害。收集來自天體的高能 X 射線與伽瑪射線，無法像可見光一樣以鏡面反射（因為會穿透過去），必須使用特殊技術集光，偵測器也必須使用特殊材料。

α 射線與 β 射線因為歷史原因誤稱，它們其實不是輻射，而是粒子。α 粒子就是氦原子核。充斥於太空的「宇宙射線」是高能（速率快）粒子，其中包括了 α 粒子，有關它們的起源目前仍不清楚。β 粒子是原子核衰變而釋放的高速電子，跟 γ 射線或 α 粒子一樣，都對人體有害。

手機接收與發射電磁波，簡稱電波，一般頻率在數百到2000 MHz。廣播收音機以調幅 AM 方式傳播使用約數百 kHz的頻率、而調頻 FM 收音機則使用 100 MHz 附近的頻率。無線電視的頻段則大約 60 MHz 或 200 MHz。電磁波以光速傳遞，而波長 1 公尺（頻率 300 MHz）到 1 毫米（300 GHz）屬於微波。微波爐發出微波，激發食物中的分子加速旋轉，

增加動能而加溫。對於陶瓷、塑膠的物質就沒有效果。

　　MHz 是百萬（ 10^6 ）赫茲。中國稱為「兆赫」，日常生活兆也意為百萬。在台灣廣播仍稱兆赫，但其他場合「兆」指的是百萬的百萬倍（ 10^{12} ）。兩岸中文有許多不同，即使已經知道，每次聽到某個檔案「幾個兆」我還是嚇一跳，要是說金額更不得了。在台灣我們不喜歡權威，連帶不遵守「標準」（即使自己定的）。我居住的中壢，英文起碼有 5 種拼法，四處都是，這樣的混淆總有一天要付出代價。

　　手機、廣播、微波爐的電波充斥在環境中，如果功率不高，目前所知不會危害身體，反而有害身心的是手機接收的網路訊息，電視上的節目，以及吃太多微波的食物。

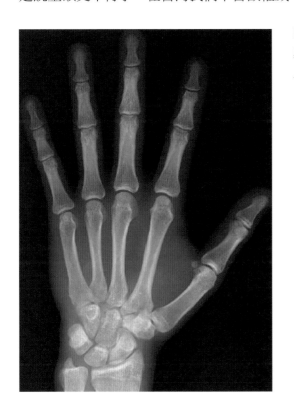

■平常拍攝的 X 光照片是 X 射線穿透後形成的陰影，可以幫助醫學診斷。

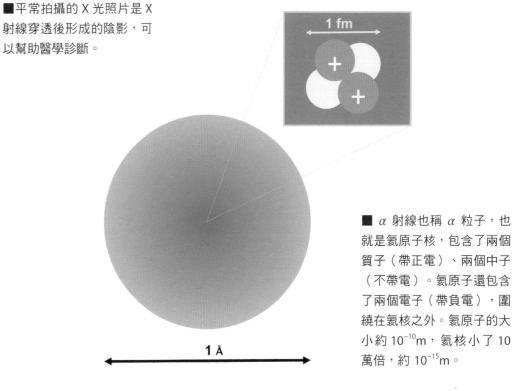

1 Å

■ α 射線也稱 α 粒子，也就是氦原子核，包含了兩個質子（帶正電）、兩個中子（不帶電）。氦原子還包含了兩個電子（帶負電），圍繞在氦核之外。氦原子的大小約 10^{-10}m，氦核小了 10 萬倍，約 10^{-15}m。

20 太陽的外觀

能量從太陽核心向外傳遞，最後輻射到太空，這就是平常看到的盤狀日面，稱為「光球」，溫度大約攝氏 5500 度，在可見光輻射最強。太陽非常明亮，只能利用特別的工具減弱光線之後，才能安全觀看，否則會造成視力永久傷害。天文界標準的冷笑話是，如果透過望遠鏡觀看耀眼的太陽，一輩子只能看兩次，一次左眼，一次右眼。**千萬不要！千萬不要！千萬不要！**

太陽跟地球一樣也有磁場，像個磁鐵般有南、北磁極。但太陽是流體，不同區域自轉快慢不同，因此磁場有時會扭曲而浮出表面。磁場也有壓力（把磁力線想像成吉他弦），因此磁力強的地方，氣體壓力可以弱些，溫度低一些，一樣達到平衡。這些光球上溫度較低之處，其實也熱達攝氏 4000 多度，但因為比周圍冷，看起來暗些，這些就是太陽「黑子」，成對、成群出現。

在光球之內，離核心越近，溫度越高。在光球上可以觀察到氣體從內部攜帶了能量（溫度高，比較明亮），到了表面後散熱，溫度降低而下沉。太陽表面放大的影像可以看到這些顆粒狀的「米粒組織」，就是對流包。

光球之外，磁場以目前細節不明的機制加熱氣體，溫度不降反升，在高度 2000 公里處，熱達 2 萬多度。這樣的溫度反轉，形成光譜發射線，尤以氫元素位於紅光的譜線最明顯，因此這個區域呈紅色，故稱為「色球」，包覆在光球之外，但亮度低得多，只有在日全食或利用儀器遮住光球，才看得到色球。

色球向外延伸，在百萬公里的範圍內，氣體持續加熱，達到百萬度，稱為「日冕」，在 X 射線非常明亮，但因為密度低，在可見光的光芒遠不如耀眼的光球。

太陽是我們生命所賴，也是唯一看得清楚的恆星，是研究恆星的標竿。有些恆星有類似太陽的結構，例如也有色球與日冕；有些則非常不同，例如可以噴發出強烈的恆星風，或是自轉快得多，以致形狀變成橢球形。

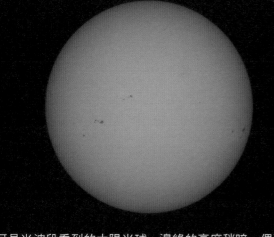

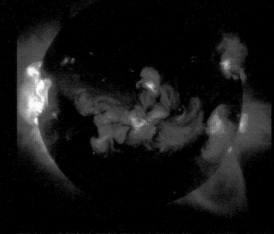

■在可見光波段看到的太陽光球，邊緣的亮度稍暗，偶爾出現黑子。（影像來源／蔡松輝）

■在 X 射線波段拍攝的太陽影像，外圍的高溫日冕比光球來得明亮。（影像來源／ NASA/SDO ）

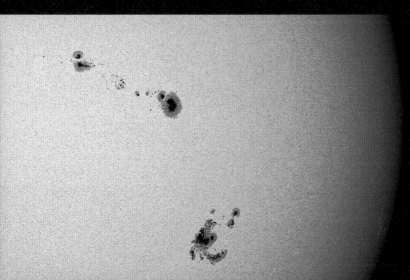

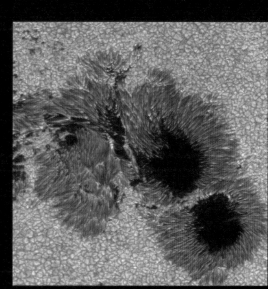

■黑子是表面局部相對低溫（低了約 1000 度）之處，常成對、成群出現。（影像來源／蔡松輝）

■個別黑子可存在數天到數月。這張放大圖可見黑子有黑灰層次，其中的絲狀結構是磁場所造成。（影像來源／雲南天文台太陽望遠鏡）

21 太陽憑什麼熊熊耀眼？

地球生命仰賴著太陽。它已經忠實提供能量將近 50 億年，它怎麼辦到的，還能繼續這麼可靠嗎？

全世界有 75 億人口，以每人平均 60 公斤計算，總重 $4×10^{11}$ 公斤，地球本身的質量大約 $6×10^{24}$ 公斤。太陽質量大多了，約 $2×10^{30}$ 公斤，差不多是地球 30 萬倍。這麼多物質聚集在直徑 140 萬公里內，萬有引力強大，中央溫度與密度極高。太陽的表面溫度大約 5800 K（攝氏相當 5500 度），可以藉由觀測測量。越往內部溫度越高，依據理論估計，最中央溫度高達 1500 萬度，物質以氣態存在，或者說因為物質都游離了，因此處於電漿態，也就是原子核與電子分開但共存。

太陽的成分主要是氫，質量占了將近四分之三，然後是氦占了四分之一，其餘元素少得多，總共不到百分之二，依序是氧、碳、氖、鐵、氮等等。太陽的組成也差不多就是目前知道整個宇宙的成分比例。相比起來，人體組成的六種主要元素，分別為碳、氫、氮、氧、磷與硫，英文以元素字首稱為 CHNOPS。

帶正電的原子核彼此接近時強烈排斥。但大自然真奇妙，當原子核彼此距離跟大小差不多時（有如人與人並肩同行），有另外一種強大的吸引力，遠大於電的斥力，這是原子核之間的強作用力，讓原子核融合成新的、更複雜的元素，同時把自己拉得更緊，而釋放出能量。氫原子核（也就是質子）經過一系列反應後，融合成氦原子核。在更熱、更擠的環境下，氦原子核也能彼此反應。

但是這樣的核反應必須具備高溫條件，原子核才能快速衝撞，彼此才有機會靠得夠近。以質子來說，熱融合反應的溫度必須高於 500 萬～ 600 萬度，因此只有離太陽中心約 1/4 半徑的核心區域才得以進行核反應，一方面有如化學工廠製造複雜元素，另方面是個核子工廠產生能量，維持氣體快速運動，能夠抵擋萬有引力，太陽才能在過去 50 億年，保持穩定結構，持續提供光與熱。據估計太陽中心還有大約一半的核燃料（氫）；也就是太陽仍有半輩子可活。

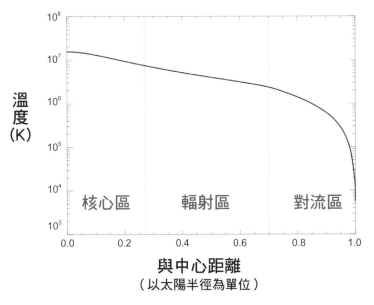

■太陽內部的溫度變化，越往中央溫度越高。最中央大約 1500 萬度，大約在 1/4 半徑之內，條件足以進行核反應。所產生的能量以輻射的方式向外傳遞，然後在大約半徑 70% 以外，能量改以對流方式傳遞，最後從表面向太空輻射，溫度約 5800 K（約攝氏 5500 度）。

■太陽表面放大的影像，可看到顆粒狀的米粒組織，是從內部來的對流氣體。（影像來源／DKIST）

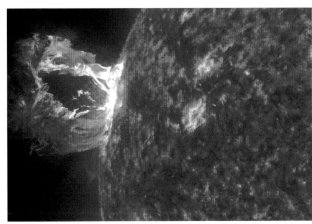

■太陽表面時有爆發，釋放大量能量。這張在紫外波段拍攝的太陽影像，看到巨大爆發時噴出的物質部分拋向太空，部分則順著磁場掉回表面，形成圈狀結構，有如掛在太陽邊上的耳朵，稱為「日珥」。（影像來源／NASA/SDO/AIA）

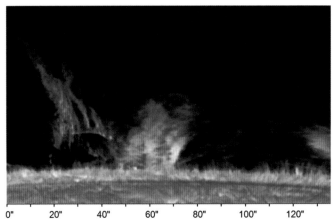

■除了日珥，太陽色球可見如毛髮般結構，稱為針狀體，是噴發出的電漿（游離態物質）。（影像來源／雲南天文台太陽望遠鏡）

22 忠實的太陽

人生平衡很重要，身、心、靈，家庭、事業都如此。一旦失去平衡，就會生病。星星也有生老病死，一樣需要平衡。

太陽在中央區域產生的能量傳遞到各部分，讓氣體快速運動，但根本原因，是整個星球的重量向內壓縮，造成中央高溫高壓，非常符合大自然「人人為我，我為人人」的精神。氣體彼此推撞，這股外膨的力量平衡了內縮的引力，維持了結構穩定。

核反應對溫度極度敏感，只要溫度稍微高一點，核反應便快非常多倍。因此質量較大的恆星，中央溫度高，核子反應快得多，向外湧出的能量多，部分被氣體吸收，氣體彼此快速碰撞，能夠平衡較大的引力。能量最終從表面輻射出去，這是顆光度強的恆星。

相對質量小的恆星，中央溫度低，核反應釋放的能量慢些，但因為引力也小，也能達到平衡狀態。這些恆星光度弱，

距離太陽遠就不容易看到。

恆星理論根據物理與化學原理，利用數學計算：產生多少能量，如何跟物質作用、傳遞，然後讓各種力量平衡（相等）。結果發現，要達到平衡，質量越大的恆星，其直徑也稍微大些，但是光度則大非常多（正比於質量的3到5次方）。例如織女星的質量是太陽兩倍多，它的直徑也是太陽兩倍多，但是光度則是太陽40倍。對於質量是太陽約20倍的恆星，其直徑約為太陽10倍，而光度達太陽數萬倍。

所以，對於結構穩定的恆星，其質量越大，光度就大很多，但表面積只稍大一些，大量的能量流出（想像狹小的車道湧入很多車輛），表面因此熾熱而呈現藍白色。相對而言，質量小的恆星則光度小，表面溫度低，因此外觀呈橙紅色。表面溫度與光度是恆星兩個外在的觀測量，兩者有相關性，這就好比個兒高的人，多半體重也重。

年齡46億年（當今）的太陽數值模型

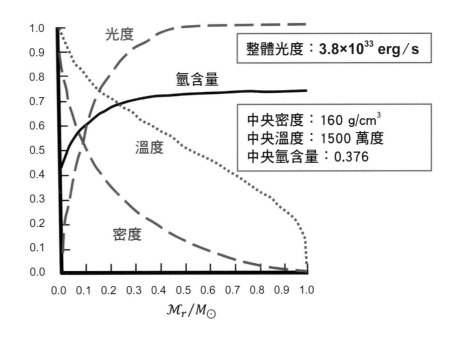

整體光度：3.8×10³³ erg／s

中央密度：160 g/cm³
中央溫度：1500 萬度
中央氫含量：0.376

光度
氫含量
溫度
密度

$\mathcal{M}_r/M_\odot$

■根據理論計算出的太陽數值模型，橫軸為太陽質量的比例，例如 0.1 就是內含 10%太陽質量之處，整體質量則為1.0。各曲線代表不同物理量由內而外的變化。可看到溫度與密度從中央起向外急遽下降；光度則向外逐漸上升，直到核心區以外，不再有核反應，光度維持穩定。

此模型的起始氫含量為 0.73，而目前（46 億年）核心的含量只剩一半，依此估計太陽仍有一半的主序壽命。

這樣的理論結果，符合觀測到的太陽半徑、表面溫度、整體光度等性質。太陽核心正在進行核反應的其他證據包括偵測到微中子證實有核反應，以及日震觀測驗證內部結構符合預期。

23 恆星的赫羅圖

各行業自有特殊的技術與工具，也就是「吃飯的傢伙」，英文叫「tools of the trade」。恆星是天文學研究的重要對象，我們對星系的了解，很多也基於恆星的知識。研究恆星的吃飯傢伙是「赫羅圖」，以恆星的表面溫度與光度來研究恆星性質。

恆星看起來有多亮（亮度），跟實際多會發光（光度）有關，另外則取決於距離。黑夜時看到光點，或許是近處的螢火蟲，也有可能是遠處的車燈。天文學以「等級」來表示星球的亮度，稱為「視星等」，是個數字，也不必是整數，數字越小表示越亮，例如某顆 3.5 等星就比另顆 5.1 等星來得明亮。在沒有光害的環境，視力極限大約是 6 等星，整個天空大約 5000 多顆，實際上夜晚能看到最多半個天（夜）空，加上地平障礙物，剩下 1,000 ～ 2,000 顆。光度也可以用星等表示（絕對星等），或是與太陽的光度相比較。

赫、羅是兩位天文學家的姓，分別是 Hertzsprung 以及 Russell，因此也稱為 HR 圖，他們在廿世紀初期使用恆星的光譜型態當橫軸，絕對星等當縱軸將星球分類。光譜型態可以按照星球表面溫度排列順序，而絕對星等則與星球光度有關。赫羅圖的兩個軸還可以有不同參數，但基本概念就是恆星兩個可以測量的參數，也就是「有多熱」跟「有多亮」。縱軸光度往上增加，但是原來依照光譜排列，而如果照溫度高低繪製，則習慣上往左增加。

恆星只要有能源（例如核反應），結構就得以維持穩定。這樣的「正常星球」在赫羅圖上的分布由左上的熱而亮，延伸到右下的冷而暗，稱為「主序」。如果把人類的身高與體重當作兩個軸，也會呈現條狀分布。恆星一生 90% 的時間處於主序階段（因為有很多氫），太陽就屬於這樣的「主序星」。例如織女星（0 等星）也是主序星，但比太陽熱，也比太陽亮，因此在赫羅圖上沿著主序位於太陽左上方。而半人馬座的毗鄰星，是距離太陽最近的恆星，視星等只有 11 等，也是主序星，則比太陽暗而冷。

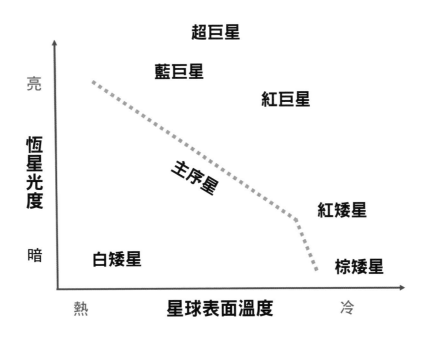

超巨星

藍巨星

紅巨星

恆星光度

亮

暗

主序星

紅矮星

白矮星

棕矮星

熱　星球表面溫度　冷

■赫羅圖表示恆星的光度與表面溫度，左上到右下的虛線代表結構穩定「正常星球」的分布。落在這條主序上的，稱為主序星，太陽就是其中之一。主序星隨著年齡，結構緩緩改變（星星也會老化），光度與表面溫度也跟著變化，例如太陽剛成為主序星時比較暗，未來幾十億年也會稍微變亮、而體積則變大。因此恆星的主序並非一條線，而成帶狀分布。

赫羅圖橫軸習慣上表面溫度向左增加，而縱軸是光度（或是表達成絕對星等），是恆星的發光能力（功率），並非在地球上看到的亮度，因此與距離無關。

24 侏儒與巨人恆星

赫羅圖上的主序帶從左上到右下，是「正常」恆星的區域，它們內部穩定進行氫的融合反應。主序帶右上方的星球，溫度低（每塊表面輻射弱），但是光度強，表示這種星體總面積大，體積大，當然直徑也大，稱為「巨星」，英文以擬人法稱為「巨人」（giant）。

為了跟巨人區分，對應就是「侏儒」（dwarf），因此稱主序星為「矮星」。除了以高矮表示星球大小，天文學家習慣用顏色表示表面冷熱，由藍到紅，表示由熱而冷（有異於有些藝術表達，藍代表冷色，而紅表示火熱）。一天當中太陽看起來顏色不同，乃是受了地球大氣的影響，太陽在太空的顏色在黃、綠之間，因此屬於黃矮星。

位於巨星區域偏左的星球，又熱又大，稱為藍巨星，這種星球很稀有，獵戶座的「參宿七」（獵人的右膝）為其中之一；巨星區域右端的為紅巨星，它們體積大，但表面溫度低。例如金牛座的主星，也就是 α Tauri，中文名為「畢宿五」，就是顆紅巨星，它是顆明亮的 1 等星，表面不到 4000 K，直徑是太陽 40 倍，光度超過太陽 400 倍。

比巨星更大、更亮的是超巨星，是最大型的星球了。位於獵人左肩的「參宿四」，是獵戶座主星（α Ori），亮度接近零等，非常耀眼，它便是顆紅超巨星，它的表面溫度 3500 K，直徑將近太陽 900 倍，光度達太陽 13 萬倍，超級龐大。2019 年參宿四居然變暗了，轟動天文武林，這樣的星球非常不穩定，隨時可能爆發死亡。後來亮度又逐漸恢復，詳細原因還待深究。天蠍座的主星心宿二是另外一顆有名的紅超巨星。

地球距離太陽的平均距離為「天文單位」，是太陽半徑的 200 多倍。如果以籃球（半徑約 12 公分）來比喻太陽，地球有如 20 多公尺外 0.1 公分的塵粒，算是位於安全距離，不致遭受嚴厲太陽風侵襲。如果把參宿四放在太陽的位置，那麼水、金、地、火，就全遭吞噬了。

質量最小的主序星稱為「紅矮星」，它們體積小，核子燃料少，但因為光度弱，消耗燃料的時間長，它們的主序壽命比宇宙年齡還長。換句話說，宇宙「有史以來」所有曾經誕生的紅矮星，目前都還活著。預期它們一旦核反應完全結

束，會冷卻成「黑矮星」。質量更小的天體，它們中央溫度不足以引發核反應，只能靠引力收縮而釋放熱量，這些「棕矮星」的溫度、亮度都非常低，冷卻後也成為黑矮星。

相對的，主序帶左下方的星球，它們溫度高，但光度弱，表示直徑小，這些稱為「白矮星」。無論巨星或白矮星都不是主序星，而是恆星演化的結果。而雖然主序星稱為矮星，卻並非所有矮星都是主序星，例如棕矮星是「沒做成的恆星」，而白矮星則是「已經死亡的恆星」。

把星球測量到的參數畫到赫羅圖上，不但可以推敲其性質，還能判斷它演化的狀態。赫羅圖真是有用的工具。

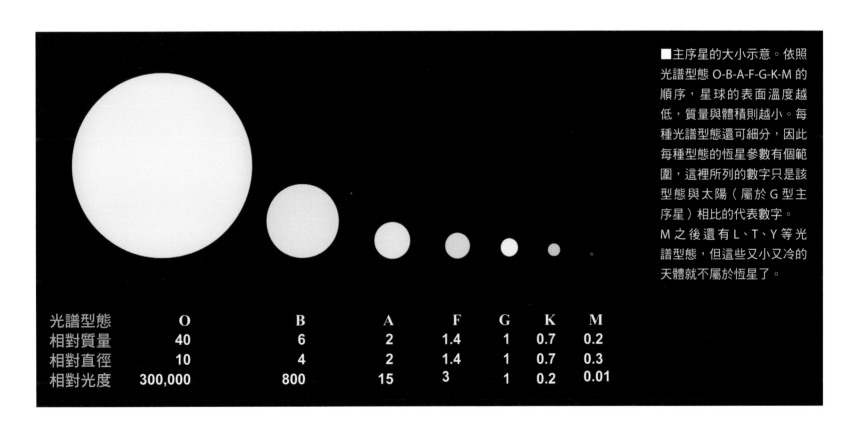

■主序星的大小示意。依照光譜型態 O-B-A-F-G-K-M 的順序，星球的表面溫度越低，質量與體積則越小。每種光譜型態還可細分，因此每種型態的恆星參數有個範圍，這裡所列的數字只是該型態與太陽（屬於 G 型主序星）相比的代表數字。M 之後還有 L、T、Y 等光譜型態，但這些又小又冷的天體就不屬於恆星了。

光譜型態	O	B	A	F	G	K	M
相對質量	40	6	2	1.4	1	0.7	0.2
相對直徑	10	4	2	1.4	1	0.7	0.3
相對光度	300,000	800	15	3	1	0.2	0.01

25 恆星動靜之間

平常敲擊大鐘、小鐘、銅鐘、木魚，或是水量不同的玻璃杯，發出聲音高低不同。杯裡放了水，或是濃汁，敲出的聲音便有差異。買瓜時拿起來敲聽，也基於內部結實或空洞會發出不同聲響。有些人敲瓜時跟別人講話，而沒在聽瓜，就顯得外行了。太陽保持平衡狀態，意思是各種影響勢均力敵。處於平衡態並不一定靜止，也可以處於動態（例如騎腳踏車）。太陽由氣體組成，像個受到敲打的銅鐘，一直在震盪。

我們平日感受到「地震」的震波，有些走表面，有些則可以穿過地球。類似聲波的地震波，當介質受到擠壓後，以壓力恢復（壓回來），介質的密度與分布影響了壓力波的速度與方向。因此在不同測站量到的差異可以估計震央、震源、震度。也可考慮不同物質對波動的複雜折射與反射效應，由此推測地球內部結構：包括內核心、外核心、地函、地殼等，其中內核心的密度是水的 13 倍，這是因為鐵、鎳等重元素在最初地球還是熔融狀態時沉入，而地殼是 3 倍。地表可以用鑽探的方式探索其性質，否則就仰賴理論模型，部分訊息則來自研究地震，有時甚至人為產生震源。

太陽的「日震」現象，造成表面各處壓力或明暗不一。平常擠水球，某處擠凹下去，其他地方就凸出來，右邊的示意圖顯示表面相鄰區域的變化，而由外而內，也因為氣體密度與溫度變化，震盪方式不同。太陽同時有很多不同震動模式，其中有名的是「五分鐘震盪」，有如緩慢吞吐呼吸，但是變化很小，需仰賴精密儀器。測量日震除了記錄亮度隨時間變化，也可利用光譜測量氣體運動。利用日震推測太陽內部如對流層、輻射層的結構，雖尚無法有效直探核心區域，卻能驗證恆星的結構理論，幫助了解核心的條件的確足以進行核融合，而所產生的微中子也經實驗偵測到。

對於其他恆星我們無法像太陽一樣看清表面，但仍可以監測整體亮度（或光譜）變化，藉「星震」手段推測內部結構，甚至伴星造成的形狀變形，是研究星球有用的工具。

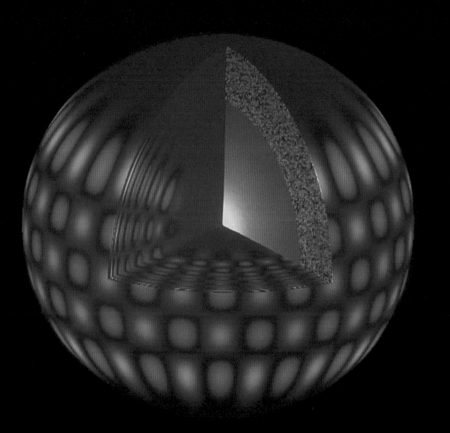

■測量日震所造成表面壓力變化，可以藉由波動傳遞的知識，推測太陽內部結構。（影像來源／SOHO (NASA/ESA)）

■不同震波在太陽內部傳遞示意圖。藉由這樣的理論，可比對日震觀測結果來推測太陽內部結構。同樣原理也應用在其他恆星。（影像來源／wikipedia/Asteroseismology/Tosaka）

26 多樣的星際物質

太空並非空無一物，恆星與恆星之間因為氣壓極低，所以沒有液體存在，但是有氣體與塵埃（固體），構成星際雲氣。

氣體可以是原子、分子或離子，依照日常生活的標準，星際氣體密度極低。例如我們呼吸的空氣，每 1 cc 的體積（差不多小指尖大小）內包含了 10^{19} 個氣體粒子。相比之下星際雲氣極其稀薄，每 1cc 當中平均只有 1 個氣體粒子，以氫元素居多，氦元素其次。而混雜在氣體當中的塵埃質量更只有氣體的百分之一。

星際雲氣因為所處的環境不同，而有各式風貌。在熾熱的恆星周圍，塵埃氣化，而受到星光激發，氣體本身會發光，例如受激發的氫原子發出紅色的光芒，這些稱為「發射星雲」；星光受到散射則顏色偏藍，稱為「反射星雲」，其原理有如晴朗的藍色天空來自陽光被大氣散射。

日常生活常聽到大氣當中的懸浮微粒（particulate matter），粒徑小於 2.5 微米的稱為 PM2.5，而汽車排放的廢氣，含有 PM10，肉眼可以看得到。相比之下，太空塵埃大小約零點幾微米，跟紫外線與可見光波長相當，因此星際塵埃遮擋這些光（稱為「消光」）的效率特別高，而且波長越短，消光效應越厲害，星光經過了太空塵埃因此變暗且變紅。

當雲氣因為自身引力而收縮，氣體雖然密度增加仍維持透明，但塵埃變濃，嚴重遮擋後面的星光，這些「黑暗星雲」密度高、溫度低，當中的氣體呈分子狀態，稱為「分子雲」，如果持續收縮，便有可能誕生出個別恆星。

星系之間也有物質，但是密度比星際更低了百萬倍。部分這些物質是從星系當中不知如何噴發出去，然後加熱到超過百萬度，發射強烈的 X 射線輻射。

■這張廣角照片中，除了恆星，各式發光的藍紅橙色星雲，穿插了暗黑的塵埃，大自然在天空這個角落展現了讓人嘆為觀止的飽和彩墨。照片左上方是蛇夫座南邊，條紋狀的暗雲是正在誕生恆星的區域 Ophiuchus Cloud Complex，距離我們約 400 光年。照片左下是天蠍座北邊，橙黃色雲氣當中的亮星是「心宿二」，是天蠍座的主星。圖右則是天秤座東邊。（影像來源／王為豪）

■這是獵戶座方向充斥了不同雲氣的區域，圖中央的黑暗星雲形似馬頭，位於獵戶腰帶南方，稱為「馬頭星雲」（也稱為 Barnard 33），距離我們約 1400 光年。馬頭星雲的左下方，是藍色的大型反射星雲 NGC 2023。（影像來源／王為豪）

27 太空中的娃娃星球

分子雲當中濃密的區域一旦收縮，密度持續增大。這些「原恆星」以引力聚集了周圍物質（這是溫柔的說法，其實物質是轟擊上去的，因此產生熱），包裹在濃厚的雲氣當中，可見光無法透出來，我們看不到。這跟人類初生嬰兒廣受矚目大不相同。

平常用的數位相機所拍攝的彩色照片，由感應紅、藍、綠三種原色的元件分別記錄，然後結合，調配成眼睛看起來「自然」的色彩。天文觀測相機也利用濾光片，收集不同波段的影像，分別處理。其他波段拍攝的影像本來就無法用肉眼觀看，為了表達強度的分布，可以利用灰階（漸進的黑白程度）、色階（不同顏色以區別強度）、假色（以三種波段影像，用紅藍綠三色合成有如可見光影像），或是等高線圖來呈現。

雲氣受熱所發出的遠紅外波段或次毫米輻射，這些長波輻射能穿越雲氣讓我們觀察剛誕生的星球。若雲氣持續收縮，溫度升高達數百萬度，便能進行核融合放出能量，恆星就此誕生，同時四周雲氣逐漸消散，在可見光露出面貌。

收縮的雲氣旋轉越來越快，因此在中央的初生恆星周圍環繞成扁盤形狀，當中的塵埃從小顆粒凝聚成石塊，成為大小數公尺到數公里的「微行星」，繼續遊走在環星盤中。它們的引力吸聚了遭遇的塵渣，自己逐漸增大，軌道中也越來越乾淨，如果東西夠，最後就形成了行星，它們在扁平面上，以圓形軌道、相同方向繞行，就如同太陽系的行星系統。接近太陽的行星，只有耐高溫的岩石、金屬化合物能存在，而類地行星的引力太小，無法抓住雲氣中豐富的氫、氦等輕而快的元素。到了外圍，溫度下降，氣體運動慢，初始行星得以抓住氫與氦，於是有了厚重的大氣。

依照這個理論，恆星形成同時也誕生了行星，因此其他恆星周圍應該有各式的行星。我們一方面感念地球在太陽系行星當中的獨特性，因而孕育了生命，另方面則好奇其他星球周圍是否也有行星，甚至有些可能也適合生命誕生。這種「期待，又怕受傷害」的「獨生子女」心態，饒富趣味。

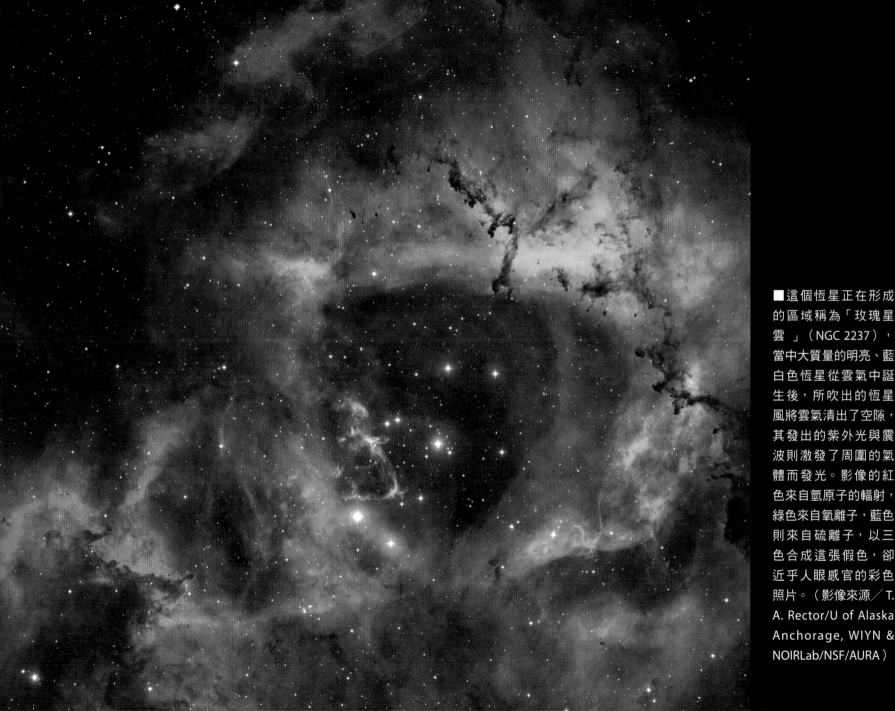

■這個恆星正在形成的區域稱為「玫瑰星雲」（NGC 2237），當中大質量的明亮、藍白色恆星從雲氣中誕生後，所吹出的恆星風將雲氣清出了空隙，其發出的紫外光與震波則激發了周圍的氣體而發光。影像的紅色來自氫原子的輻射，綠色來自氧離子，藍色則來自硫離子，以三色合成這張假色，卻近乎人眼感官的彩色照片。（影像來源／T. A. Rector/U of Alaska Anchorage, WIYN & NOIRLab/NSF/AURA）

28 太陽的老化與衰亡

要研究樹木的一生，不需要（其實是困難）觀察單獨某棵樹從出生到衰亡的過程，而是走進森林，觀察同樣數種不同階段的狀態。同樣道理，可藉由研究不同演化狀態的恆星，瞭解它們生、老、病、死的過程。

當太陽處於主序階段，內部有兩個完全不同的區域：核心進行核反應，氫元素不斷轉換成氦，而核心外層的氫元素則毫髮無傷。當核心區域的氫燃料用完，整個核心都是氦（核廢料）。星球失去了提供熱壓力的能量，結構不再穩定，核心因此收縮而變熱，原來恰好在核心以外，沒能進行核反應的氫氣，現在居然點燃了，新的熱源使得外層氣體向外膨脹而降溫（內熱外冷），從外表看又冷又大，此時太陽成為「紅巨星」，在赫羅圖上的位置從主序移往右上方。如果核心夠大，持續縮小（內縮外脹），溫度有機會點燃氦的核融合，星球結構又達到平衡。更大的核心甚至可以引發碳原子核反應。

依據理論估計，太陽從雲氣收縮到引燃氫核子反應，費時大約 3000 萬年，之後成了主序星，可以穩定進行氫融合達百億年。等到中心的氫全部都轉化成氦，內縮外脹的時期大約持續 10 億年。直到核心溫度達到 1 億度，足以引發氦的熱核反應（變成碳核），星球又有了核能，但是氦元素含量少，加上核反應極快速，光度雖然強，卻只能維持約 1 億年。如此核反應系列，燃料是越來越複雜的原子核，維持的時間也越來越短。產生能量的核心與外層的互動，造成結構平衡、不平衡、再度平衡，就是太陽老化的過程（人也一樣吧）。這時的太陽大小與光度不斷改變，成了「變星」。

當無法再進行任何核反應，核心便會塌縮。對於一般原子，電子繞在原子核外面，有很大的空間，星體塌縮造成電子被擠壓排列在原子核之外，稱為「簡併狀態」。太陽到了晚年，外層膨脹，流失大約四成的質量（所以要吃善存），而核心則可以靠簡併電子的壓力來抵擋引力內縮，結構再度平衡，但內部已經沒有核反應（沒有元氣）。這樣的天體又小又熱，只有約地球的大小，但是溫度達數萬度（原來是核反應區），稱為「白矮星」。因為不再有能源，只能持續冷卻，最終歸於黯淡。

太陽的演化

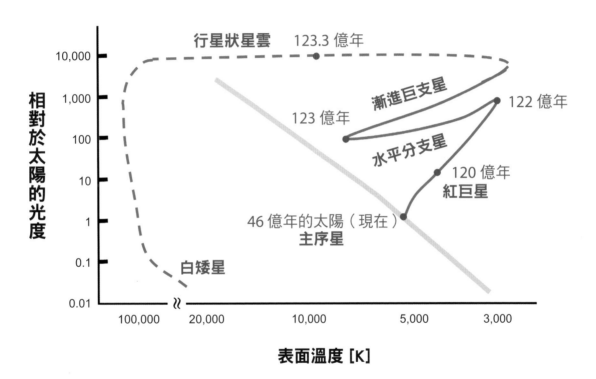

■太陽在赫羅圖上的演化路徑。縱軸為恆星光度（向上表示明亮），橫軸則為恆星表面溫度（向左表示高溫），圖中的灰色斜線代表恆星主序。太陽約 46 億年前成為主序星，大約再 70 億年後，演化成為紅巨星，然後內部經歷各階段的核反應，之後核心塌縮成為白矮星，同時將外層氣體拋出，成為行星狀星雲。

■這張可見光影像中央的亮星是天狼星 A，是顆 A 型主序星。影像中的星芒與光環為望遠鏡光學的效應。在左下方的光點則是天狼星伴星，稱為天狼星 B，是顆白矮星，已經演化到恆星生命後期。（影像來源／NASA/ESA/HST, H. Bond (STScI), and M. Barstow (University of Leicester)）

■在 X 光影像中，中央比較明亮的是天狼星 B，溫度低得多的天狼星 A 反而顯得黯淡。星芒與光環為望遠鏡光學的效應。天狼星系統離我們 8.6 光年，雙星彼此繞行一圈約 50 年，跟左圖相比，兩顆星的相對位置已經改變。（影像來源／NASA/SAO/CXC）

■（左圖）照片的右方為獵戶座的亮星，構成獵人圖樣，其中紅黃色那顆是參宿四，是獵戶座主星。沿著腰帶三顆亮星往左（向東偏南），位於中央下方的藍白亮星，稱為「天狼星」，為大犬座主星，是夜空中最明亮的恆星。照片左上的亮星則是「南河三」，是小犬座主星。這三顆亮星構成「冬季大三角」。（影像來源／Akira Fujii）

29 恆星絢爛的迴光返照

類似太陽的主序星，臨終時演化成白矮星，靠電子簡併壓力撐住結構。理論預測能這樣支撐的極限約是太陽質量的 1.4 倍，目前觀測的白矮星的確都符合。注意這是核心的質量，由於恆星實際流失的質量有很多未知數，最後演化成白矮星的主序星極限質量為多少並不確定，一般估計在 8 到 10 倍的太陽質量。

比太陽質量稍大（約 1.2 倍）的恆星，在主序時期也是燃燒（其實是核反應，但常這麼說）氫，變成氦，但藉由碳、氮、氧當媒介，由於溫度高，能放出更多能量，因此這些主序星光度大得多。演化到核心塌縮的階段，龐大的引力連電子簡併壓力也無法支撐，有如雞蛋撐得住鋪在上面的報紙，但撐不了巨石，核心再度塌縮，越來越複雜的元素依序進行核融合，直到鐵、鎳等元素，它們是把自己拉得最緊密的原子核，若要融合更重的原子核需要提供（而非釋放）能量。在此同時，星體的外層膨脹成為超巨星。

要是核心質量超過白矮星極限，引力壓縮的力量將電子擠進原子核當中，與質子結合成中子，因此整個星體都是中子，這時候支撐力量來自中子的簡併壓力，這就是「中子星」，整顆星有如單一個充滿中子的原子核。對於中子星的質量上限目前沒有定論，約略是 2 倍多太陽質量，大小則差不多 10 公里，相當於一座城市。核心塌縮成中子星時，內壓到極限後產生極大反彈，向外送出震波，以爆發的方式將外層推出，這就是「超新星爆發」。以前人以為「新」的恆星誕生了，其實是恆星死前的迴光返照，發出最後一道耀眼的光芒。超新星釋出巨大能量，除了在幾個星期內跟整個星系一樣明亮，也提供能量進行重於鐵核的融合反應，產生如銅、銀、金這些複雜元素。歷史中記載了幾次銀河系中的超新星事件，最近一次是克卜勒在 1604 年發現。發生在其他星系就頻繁得多，今日藉由有系統的巡天觀測，有時候幾乎每天都會發現這些燦爛的宇宙火炬。

要是核心質量連中子星也支撐不了，巨大的引力把星體壓縮成無限小，就成了黑洞。

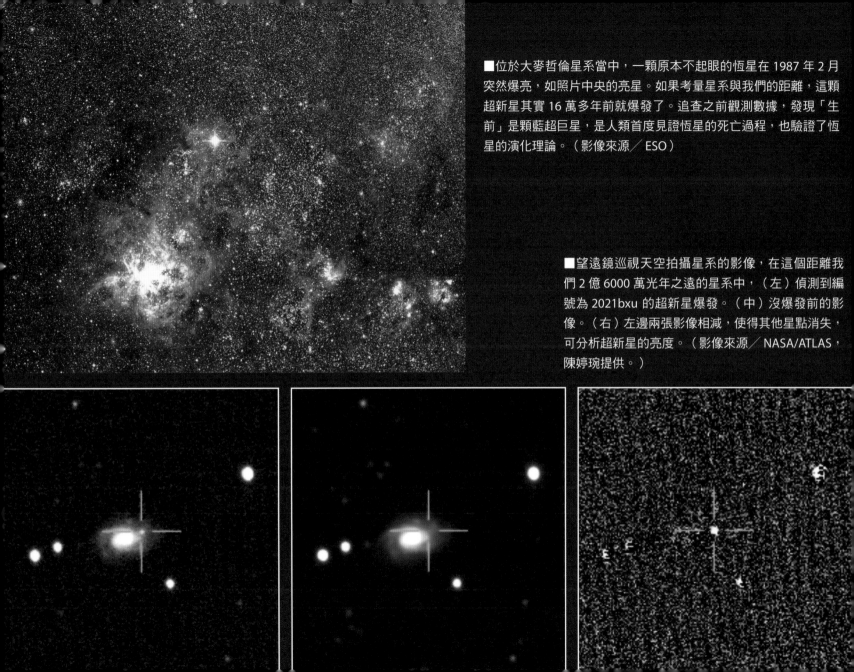

■位於大麥哲倫星系當中，一顆原本不起眼的恆星在 1987 年 2 月突然爆亮，如照片中央的亮星。如果考量星系與我們的距離，這顆超新星其實 16 萬多年前就爆發了。追查之前觀測數據，發現「生前」是顆藍超巨星，是人類首度見證恆星的死亡過程，也驗證了恆星的演化理論。（影像來源／ESO）

■望遠鏡巡視天空拍攝星系的影像，在這個距離我們 2 億 6000 萬光年之遠的星系中，（左）偵測到編號為 2021bxu 的超新星爆發。（中）沒爆發前的影像。（右）左邊兩張影像相減，使得其他星點消失，可分析超新星的亮度。（影像來源／NASA/ATLAS，陳婷琬提供。）

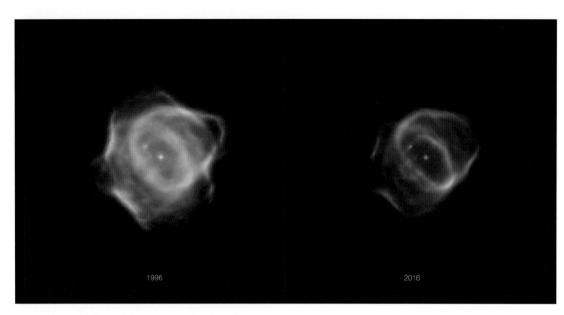

■ 外型類似「刺魟」的星雲（Hen 3-1357）是個行星狀星雲，是類似太陽的恆星演化到晚期，中央核心塌縮成白矮星，而將外層氣體推出的結果。刺魟星雲距離我們約 18000 光年，比其他已知行星狀星雲來得小，也來得年輕。無論是中央白矮星或是周圍雲氣，都有明顯亮暗變化。左圖顯示 1996 年與 2016 年拍攝的外觀顯著不同。（影像來源／ NASA, ESA, B. Balick (U of Washington), M. Guerrero (Instituto de Astrofísica de Andalucía), and G. Ramos-Larios (U de Guadalajara)）

■（左）大質量恆星死亡後，核心受到強大引力而塌縮成為中子星。雖然溫度高而發射 X 射線，但直徑只約 10 公里，在可見光非常黯淡。這顆 X 射線源在可見光勉強可見。（影像來源／ NASA/STScI/Fred Walter (SUNY-Stony Brook)）。（下）當帶電粒子受到中子星強大磁場加速，便放出同步輻射，由於中子星快速自轉，我們偵測到「脈衝」訊號，這些稱為「脈衝星」。（影像來源／ Manchester, R.N. & Taylor, J.H., Pulsars, Freeman, 1977.）

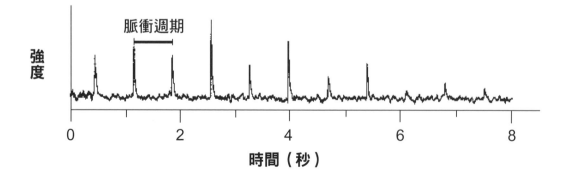

■ Wolf-Rayet 這種星球是瀕臨死亡的大質量恆星，正在大量流失物質，以致於外層氣體被吹走，而裸露出高溫的恆星內部。

這顆名為 WR31a 就是這樣的星球，距離我們 3 萬光年，藍色氣泡來自於時速 22 萬公里的高速恆星風，撞擊到之前流失的氫氣所形成。預計不久之後，這顆星將爆發成為超新星。（影像來源／ ESA/Hubble & NASA/Judy Schmidt）

■獵戶座的參宿四以及天蠍座的心宿二，都是紅超巨星，是恆星演化晚期的天體，日後將以超新星爆發結束一生。還有一類超巨星更稀奇，主要發藍光，表示它們巨大而熾熱，稱為明亮藍變星（luminous blue variable），有可能已經經歷過 Wolf-Rayet 星球階段。

這張照片裡，位於船底座的「海山二」星（Eta Carinae）就是有名的例子，星球質量可能高達太陽 150 倍。它在 17 世紀末約為 4 等星，18 世紀初變得非常明亮，到了世紀末又變暗，到了 1843 年成為全天空第二明亮的恆星，僅次於天狼星。這顆奇特的星還有多次爆發的紀錄，顯示內部結構極不穩定。（影像來源／ NASA/ESA/Hubble/Judy Schmidt）

30 銀河系的新陳代謝

　　恆星也有生老病死。它們演化的時間尺度達千萬年甚至百億年，比起你我約百年的一生，長得太多太多（都說天長地久嘛），因此我們不覺得星星在老。

　　大質量恆星核反應快速，光度強、溫度高，但是消耗燃料快，壽命也短。有如一桶汽油，熱容量多，燃燒也旺，但一下就燒完了；活著耀眼，但活不久，應驗了「紅顏薄命」的淒美。

　　主序的壽命取決於恆星質量（有多少核燃料）除以光度（消耗燃料的快慢）。因為主序光度正比於質量的 3 到 5 次方，那麼主序壽命就跟光度的 2 到 4 次方成反比。例如昴宿星團當中很多藍白色星球（很多是藍巨星），它們的主序壽命只有約 1 億年，跟太陽的 100 億年相比，如果太陽相當於人類 100 年壽命，這些星球 1 歲就夭折了。這些星球誕生的時候，恐龍已經在地球大地奔跑。地球生命花了幾十億年的時間演化到現在這個階段（能閱讀、能抱怨）。如果地球位於這些

藍白星球旁邊，輻射的能量豐富，但能演化的時間極短暫，那些地方如果有生命，必然有不同的發展方式。

　　當不再有核反應產生能量維持穩定結構，大質量恆星的核心塌縮反彈，產生超新星爆發，在數星期內亮度相當於整個星系。即使像太陽這樣的小質量恆星，在壽命走到盡頭時，核心也會收縮，然後把外層物質緩慢推出。這些恆星死前所噴出的東西是核反應的產物，這些元素又成了下一代恆星的原料。你我身上像是碳、氮、氧、鎂、鈣、錳、鐵、銅等等，都是恆星生前或死亡瞬間製造出來的。我們都是星星的子民。生於塵土、歸於塵土。

　　隨著代代恆星生老病死，拋回星際太空的物質，複雜元素越發豐富，也才有了大千世界，有了生命。藉由測量恆星大氣的成分，看它承襲了多少「祖產」，便能估計恆星的身世年齡。

■昴宿星團又稱「七姊妹星團」或 M45，位於金牛座方向，
距離我們約 440 光年，裸眼可見 6、7 顆，實際上星團成員
超過 200 顆。（影像來源／鹿林天文台）

天文學家的週期表

1 H 氫																	2 He 氦
3 Li 鋰	4 Be 鈹											5 B 硼	6 C 碳	7 N 氮	8 O 氧	9 F 氟	10 Ne 氖
11 Na 鈉	12 Mg 鎂											13 Al 鋁	14 Si 矽	15 P 磷	16 S 硫	17 Cl 氯	18 Ar 氬
19 K 鉀	20 Ca 鈣	21 Sc 鈧	22 Ti 鈦	23 V 釩	24 Cr 鉻	25 Mn 錳	26 Fe 鐵	27 Co 鈷	28 Ni 鎳	29 Cu 銅	30 Zn 鋅	31 Ga 鎵	32 Ge 鍺	33 As 砷	34 Se 硒	35 Br 溴	36 Kr 氪
37 Rb 銣	38 Sr 鍶	39 Y 釔	40 Zr 鋯	41 Nb 鈮	42 Mo 鉬	43 Tc 鎝	44 Ru 釕	45 Rh 銠	46 Pd 鈀	47 Ag 銀	48 Cd 鎘	49 In 銦	50 Sn 錫	51 Sb 銻	52 Te 碲	53 I 碘	54 Xe 氙
55 Cs 銫	56 Ba 鋇	鑭系	72 Hf 鉿	73 Ta 鉭	74 W 鎢	75 Re 錸	76 Os 鋨	77 Ir 銥	78 Pt 鉑	79 Au 金	80 Hg 汞	81 Tl 鉈	82 Pb 鉛	83 Bi 鉍	84 Po 釙	85 At 砈	86 Rn 氡
87 Fr 鍅	88 Ra 鐳	錒系	104 Rf 鑪	105 Db 𨧀	106 Sg 𨭎	107 Bh 𨨏	108 Hs 𨭆	109 Mt 䥑	110 Ds 鐽	111 Rg 錀	112 Cn 鎶	113 Nh 鉨	114 Fl 鈇	115 Mc 鏌	116 Lv 鉝	117 Ts 鿬	118 Og 鿫

圖例：大霹靂、大恆星、超新星、小恆星、宇宙射線、人工

鑭系	57 La 鑭	58 Ce 鈰	59 Pr 鐠	60 Nd 釹	61 Pm 鉕	62 Sm 釤	63 Eu 銪	64 Gd 釓	65 Tb 鋱	66 Dy 鏑	67 Ho 鈥	68 Er 鉺	69 Tm 銩	70 Yb 鐿	71 Lu 鎦
錒系	89 Ac 錒	90 Th 釷	91 Pa 鏷	92 U 鈾	93 Np 錼	94 Pu 鈽	95 Am 鎇	96 Cm 鋦	97 Bk 鉳	98 Cf 鉲	99 Es 鑀	100 Fm 鐨	101 Md 鍆	102 No 鍩	103 Lr 鐒

■天文學家的週期表，標示了元素的宇宙來源，除了氫與氦源於大霹靂，有些來自大質量恆星內部的核反應，有些來自小質量恆星的核反應，有些則在超新星爆發時產生。原子序大的元素多半來自人造。

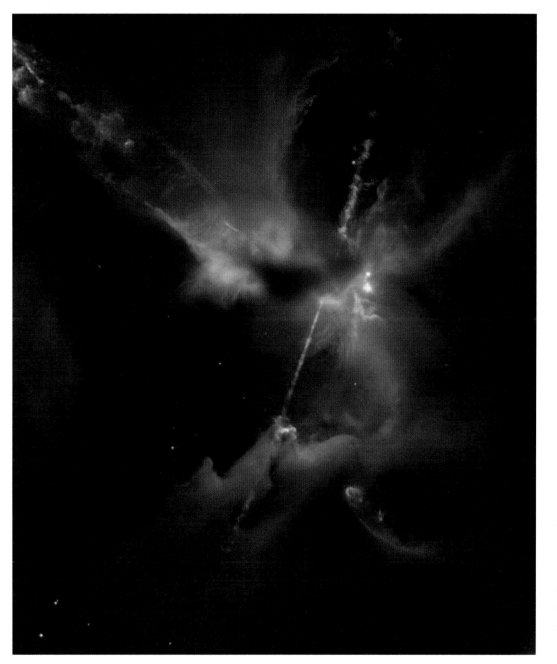

■赫哈天體（Herbig-Haro object）是初誕生恆星噴流撞擊周圍雲氣的現象。這張照片顯示了 HH24 這個例子，位於獵戶座恆星形成區，距離我們約 1400 光年，外表有如「星際大戰」中的光能劍。初生恆星本身雖然深埋在塵埃雲中不可見，但其劇烈的噴流撞擊周圍雲氣而發光，長達數光年，有如消防水柱撞擊到牆壁而驟然停止，放出巨大能量。（圖片來源：ESA/Hubble & NASA）

31 銀河系中的星團社群

目前相信恆星以成群的方式誕生。銀河系本身來自一大團收縮的雲氣，最早期產生的恆星沒有包含太多複雜元素，聚集成「球狀星團」，外觀對稱且星球數量向內集中，每個球狀星團大約有數十萬到百萬顆成員星互相繞行。之後銀河系由於自轉成了扁平狀，球狀星團留在原來的區域，各自繞行銀河中心。目前知道銀河系有大約 150 個球狀星團。

扁平的銀盤中分布了個別「巨型分子雲」，它們是銀河系內最大的天體結構，每個跨距約 200 光年，包含百萬個太陽的質量，主要成分是氫分子以及少部分塵埃。「光年」是長度單位，是光在真空中走一年的距離，相當約 10 兆（10^{13}）公里。這些雲氣密度並不均勻，局部濃密之處會因為本身引力而收縮，在過程中則分裂，當中濃密區域又收縮、分裂，最後產生團團聚集的恆星，其中大質量高熱 O、B 型態的恆星聚集成協，稱為「OB 星協」。一般星團是仍受引力束縛的一團恆星，而星協則是類似性質聚集在同個區域，不必然互繞。除了 OB 星協，太陽進入主序前，也就是尚未點燃氫核反應之前，還在收縮成形，稱為「金牛座 T 型星」。天文學家常以第一顆觀測到某個現象的該星球的名字，作為該種類

星球的名稱（例如林書豪們），例如以金牛座編號 T 的這顆年輕恆星，表示演化到主序之前的類似太陽的星體。這類星體聚集，因此稱為「T 星協」。有時候把一些反射星雲集中的恆星區域叫做「R 星協」。

星團成員彼此間的引力作用，使得小質量恆星易被拋出，星團整體質量因此變小，更容易流失成員星，加上外力拉扯，星團終於瓦解，原來的成員星便成了星系當中個別恆星。這些銀盤當中的星團形狀不規則，稱為「疏散星團」，每個大約包含數十到上千顆成員星，產生這些恆星的星際物質，已經經過代代恆星的「滋潤」，因此疏散星團當中的恆星包含了比較多的複雜元素，年齡也比球狀星團當中的恆星年輕。銀河系當中目前已知數千個疏散星團，多集中於盤面上，也都在太陽附近，這是因為盤面塵埃消光嚴重，遠的星團不易察覺。

一般相信太陽也誕生於星團環境，但年代久了已經離開原生家庭，自己帶著家小（行星、衛星等）遊走在太空中。目前還無法指認哪些是太陽的兄弟姐妹。

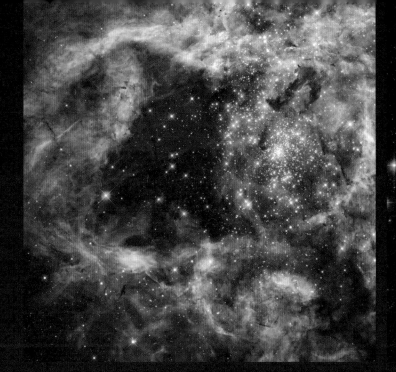

■ NGC 7006（Caldwell 42）是個球狀星團，位於海豚座方向，離我們約 13 萬 5 千光年，居於銀河系外圍。（影像來源／ ESA/Hubble & NASA）

■ R136 星團位於大麥哲倫星系當中，緊鄰 30 Doradus 雲氣，年齡不到數百萬年，有為數眾多藍白色大質量恆星，它們的強烈輻射與恆星風清出了雲氣的空隙。（影像來源／ NASA, ESA, and F. Paresce (INAF-IASF, Italy), R. O'Connell (U. Virginia), and the WFC 3 Science Oversight Committee.）

■ h and χ 是英仙座方向的雙星團。（影像來源／ wikipedia/ Chrisguidry）

32 星球伴侶——雙星系統

星球很合群，它們群聚誕生，之後也多有伴侶，類似人類社會結構。太空中的恆星大多數為雙星，有些更屬多星系統；像太陽這樣的單星算少數。對了，「星系」已經是專有名詞，不能用來描述只有幾顆星的系統。

單星活得很好，如果有伴星則有另番風情（好像社會活動的口號）。有些伴星會影響外觀，例如互繞時彼此遮住（食雙星）；有些雙星距離近，會干擾彼此結構，交換大氣（你泥中有我，我泥中有你），進而引發多樣的演化現象。

例如質量大的恆星，原本壽命很短。但要是與伴星大氣接觸，有可能軌道衰減而彼此合併，恆星再度敗部復活，延長主序壽命。又有些靠得很近的雙星，其中質量較大的星球演化較快，先離開主序階段成為白矮星。之後伴星才演化成龐大的紅巨星，這時物質流往白矮星，表面強大的引力將氣體壓縮加熱，原來已經是星球殘骸的白矮星，這時死灰復燃，表面點燃核反應，瞬間增亮，成為「新星」。有時候流通到白矮星的物質累積到超過穩定的極限，就塌縮成了中子星，

以爆發的方式把外層噴發出去，就產生超新星現象。

物質因為吸引而累積，這樣的「吸積」過程能有效釋放能量，例如受到萬有引力吸積，或是游離後受到磁場牽引而吸積，會放出高能量的輻射。本來不起眼，輻射集中於可見光的星球，卻可能因為有了伴星，由於吸積而發出 X 射線或 γ 射線。

伽瑪射線是能量最高的輻射，波長極短無法透過大氣，經由太空望遠鏡觀測到某些遙遠的星系會發出極強烈的伽瑪射線爆發，時間從千分之幾秒到數小時。以遙遠的距離推估，這些「伽瑪射線爆」所發出的能量可能僅次於大霹靂，是宇宙中最劇烈的爆發事件。

要是兩顆是中子星或黑洞，互繞時會釋放「重力波」，也會使軌道衰減，最終兩者合併，釋放出巨大能量，有些理論認為也能解釋部分伽瑪射線爆的成因。另外一種成因則可能是天體爆發成超新星，或是塌縮成為黑洞而導致。

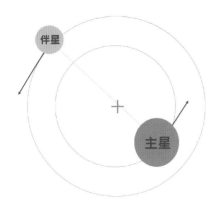

■兩顆星彼此繞行，引力一樣大，都繞著「質量中心」轉，質量大者稱為「主星」，稱為「A」，受影響較小，故軌道半徑比較小，繞行速度慢；另一為「伴星」，稱為「B」，軌道距離比較遠，速度較快。這樣的雙星若距離我們近，有機會分別看到兩顆星，甚至察覺它們互繞。

雙星繞行不必是圓形軌道，也可以是橢圓軌道。

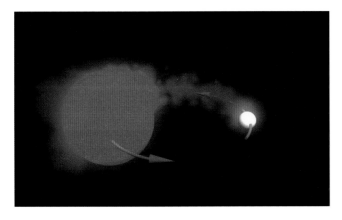

■當兩顆星距離近，其中一顆星的物質有可能流向另一顆。尤其另一顆若是緻密天體，例如白矮星或中子星，吸積過程劇烈，會發出高能輻射。（影像來源／蔡殷智）

■離太陽最近的恆星是半人馬座 α 星，是個三星系統。在照片中左邊的亮星其實是 A、B 兩顆星，距離我們 4.37 光年，A 星與太陽類似，B 星則比較暗，兩者互繞週期將近 80 年。標示紅圈的是 C 星，距離我們 4.2465 光年，這才是距離我們最近的恆星，稱為「毗鄰星」，是顆紅矮星（光譜型態 M5.5），繞行 AB 一圈需時 55 萬年。右邊的亮星是半人馬座 β 星。（影像來源／Skatebike）

33 銀河系與鄰居

銀河系跨距約 10 萬到 20 萬光年（星球的密度逐漸減小，因此不是很明確邊緣在哪裡），但是厚度只有 2000 光年，形狀極為扁平。銀盤上下還有一些球狀星團。銀河系包含了數千億顆恆星，行星數量可能更多，星球之間則有氣體與塵埃，另外還有磁場與宇宙射線。銀河系中央區域聚集了很多大型星球，最中間還有個相當於 400 萬太陽質量的黑洞。

太陽位在銀河盤面上，距離中心約 2 萬 7000 光年，以 220 km/s（相當於時速 80 萬公里）繞行中心，行走一圈需時約 2 億 4000 萬年。如果把這算成「銀河年」，那麼從銀河系出現後，已經過了 54 個銀河年。

銀河系有個鄰居星系，叫做 M31，乃法國天文學家梅西耶所編 110 個「非星星」的天體目錄，包括了星系、星團與星雲，當中第 31 號天體，因為位於仙女座方向，而稱為「仙女座星系」，它距離我們 250 萬光年，比銀河系稍微大些。

相傳麥哲倫帶著船員環球航行，到了南半球，注意到天上兩朵不動的「雲」，後來稱為大、小麥哲倫雲。現在知道這其實是兩個不規則形狀的星系，距離比 M31 還近，大、小麥哲倫星系距我們分別為 16 萬光年與 20 萬光年。

銀河系與周圍一共約數十個星系鄰居構成「本星系群」，有如個小村落。完整的鄰居數目不確定，因為我們的視線被銀河盤面的塵埃遮擋。這些鄰居以「小家庭」（矮星系，又是矮）居多。銀河系跟 M31 為最大兩個「家族」，都有螺旋結構，各自有衛星星系。兩個家族彼此正接近中，預計 45 億年以後將遭遇（希望是拜年，不是來踢館）。屆時太陽系也可能受到擾動而改變軌道，不過由於太陽本身已近晚年，膨脹變亮，地球早已過熱，海洋全都蒸發了。

■ M31 也稱為「仙女座星系」，另有編號 NGC 224，在條件好的情況下，肉眼可見微弱光點。M31 是本星系群當中最大的星系，跟銀河系一樣是棒旋星系。核心左上方是其衛星星系 M32，是個矮橢圓星系。下方偏右則為 M110（NGC 205），也是 M31 的衛星星系。（影像來源／王為豪）

■大麥哲倫星系（左）與小麥哲倫星系是繞行銀河系的兩個外表不規則的星系。大麥哲倫星系的跨距約 16000 光年，約是小麥哲倫星系的兩倍。這兩個星系當中有年老的恆星，也有正在形成的星球。（影像來源／王為豪）

34 宏偉的星系螺旋

　　星系有不同種類，有的有螺旋結構、有的外觀像光滑的橢球，也有些形狀不規則。觀察發現橢圓星系當中雲氣不多，現有恆星已逐漸老化，而沒有新的恆星誕生（也有社會老年化的問題）。相比之下，不規則星系當中有大量雲氣，有活躍的恆星形成活動，有些可能是星系合併的結果。

　　螺旋星系當中也有很多雲氣，目前正在誕生恆星，而最引人注意的，就是一個個螺旋狀，有如臂膀般的結構。這種星系有些在中央有個棒狀結構，然後連出螺旋，我們的銀河系就是個棒旋星系。我們就在裡面，無法從外面自拍。圖示是別的棒旋星系。

　　大約有 1 成的螺旋星系，它們的螺旋結構旋得很緊，甚至有數條旋臂，加上面對著我們，結構看得清楚，稱為大自然的「宏偉設計」（grand design）。這些螺旋是怎麼回事呢？

　　目前對星系螺旋的解釋最為人接受的是密度波理論。在高速公路開車，偶爾會慢下來，而通過該路段後，卻發現並沒有事故。這是各車不同快慢所自然產生，隔一陣距離就有鬆、緊的現象，像是抖動彈簧一般。這個密度波緩緩進行，一段時間後就換另個路段塞車，個別車速快得多，只在通過高密度區域稍微減緩。

　　星系轉動的時候，也產生這樣的密度波，該區域星球與雲氣數量多，而當雲氣通過時，受到較大的引力壓縮而形成恆星，其中大質量恆星本身耀眼以外，並且發出紫外輻射游離周圍的氫氣，而發出明顯的紅光。這些恆星壽命短，發光期間仍在誕生區域附近，我們就看到這些紅點有如珍珠一般鑲嵌在旋臂上。

　　旋臂上也發現集中了年輕的星團，以及分子雲，都是螺旋臂膀的過客，是恆星誕生的地方，是太空診所的婦產科與小兒科。

■（左）M100 是個有如宏偉設計的螺旋星系（雖說中央似乎也有微弱的棒狀結構），位於后髮座方向，距離我們 5500 萬光年。集中於旋臂的粉紅圓點，是受到大質量恆星的輻射激發的氫氣；黃色的老年恆星則集中在中央，另外穿插了黑色的塵埃雲氣。（影像來源╱ESO）

（右）NGC 1132 是個巨大橢圓星系，位於波江座方向，距離我們約 3 億光年，周圍有很多球狀星團，還有些矮星系。（影像來源╱NASA/ESA/Hubble Hefitage/M. West (ESO, Chile)）

■ UGC 6093 是個棒旋星系，位於獅子座方向，距離我們 5 億光年，有個明亮的核心，稱為「活躍星系核」，源於物質被中央的「超大質量黑洞」所吞噬。（影像來源╱ESA/Hubble & NASA）

■星系成群構成「星系團」。「室女座星系團」(Virgo Cluster) 是離我們最近的大型星系團，距離我們將近 5400 萬光年，包含了超過 1000 個星系成員，佔據了天空 8 度的張角。 這張照片是星系團中央部分，幾個鏈狀分布的明亮星系形成 Markarin's Chain 。照片右下的 M87 位於室女座星系團的中央，最上方是 M84，其下方為 M86，也是大型星系。

星系團群聚成為「超星系團」。銀河系所在的本星系群加上室女座星系團，還有其他數十個星系團構成「室女座超星系團」（Virgo Supercluster），總直徑超過 1 億光年。目前觀測到的宇宙包含了超過千萬個超星系團。（影像來源／林啟生）

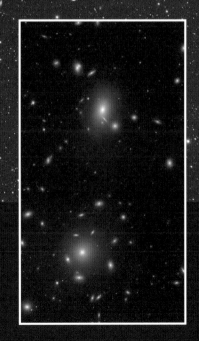

■（上）后髮座星系團（Coma Cluster; Abell 1656）距離我們約 3 億 2000 光年，包括超過 1000 個成員星系，以橢圓星系居多，尤其中央有兩個巨型橢圓星系 NGC4874、NGC4889。（影像來源／林啟生）

（右）上圖中央部分，太空望遠鏡的影像顯示微弱的光點多半是矮橢圓星系，而在兩個巨型橢圓星系各自周圍，以及它們之間指認出超過 2 萬多個球狀星團。（影像來源／ ESA/NASA/Hubble）

35 劇烈的天體合併

「天上的星星，為何像人群一般地擁擠呢？地上的人們，為何又像星星一樣地疏遠？」這首羅青先生的詩，再由李泰祥先生譜的曲，迴盪出天與人的孤獨。

在捷運站與人摩肩接踵的機會，多過在山巔林間。考量的是兩個數字，人與人之間的距離，相比於人的大小。星星呢？太陽的直徑約 140 萬公里，而它周圍的星星在光年之遙。也就是說，恆星彼此之間的距離是本身大小的 1000 萬倍，以體積來說將近 10^{22} 倍。如果以鹽粒來比喻太陽，那麼最近的另顆鹽位於 3 公里之外。恆星之間實在極為空曠，要碰在一起機會極度渺茫。只有在擁擠的環境，例如球狀星團的中央，或是本來就繞在一起的雙星，恆星才有相遇的可能。

星系就不一樣了。由於彼此的距離跟星系本身大小差不多，有如人與人之間的距離只有肩膀寬度，當然容易相撞。平常物體相撞，撞擊的「力道」由物體的質量與快慢決定。被 1000 多公斤的汽車，以極緩慢的速度碰到，會稍不舒服。

但要是被不到 10 公克卻高速的手槍彈頭打到，絕對極不舒服。

天體相撞的後果，端視天體的密度及速度。生活中微風互相吹襲很常見，空氣的密度約是水的千分之一，而水相撞也常見。平常被金屬打到很痛，而鐵的密度是水的約 8 倍。太陽越往中心越密，中央的氣體密度是水的 150 倍。兩顆恆星相撞想必壯觀，要是兩顆中子星，甚至黑洞，撞擊合併，更是「驚天地泣鬼神」，釋放巨量電磁波與重力波。

星系相撞時，彼此恆星相距仍然遙不可及，不受影響，只有可能改變軌道。但是雲氣就如「擾動一池春水」而散亂四射。例如這張俗稱「觸角星系」的照片，顯示糾纏的兩個星系核心、受混攪的雲氣，以及受到衝擊誘發而正在誕生的恆星（受激發的紅色雲氣），這樣的星系碰撞原該像塵土飛揚的車禍現場，但神祕、壯觀，且似乎事不關己。銀河系在遙遠的未來也有可能與仙女座星系相遇，到時候雲氣相撞也可能引發大規模恆星形成，而出現嬰兒潮。

■「觸角星系」（NGC4038/4039）位於烏鴉座，距離我們約 4500 萬光年，是兩個相撞的星系，兩個核心已經相鄰，而雲氣與恆星則被拋出。（影像來源／Subaru/NAOJ, NASA/ESA/Hubble, R. W. Olsen, F. Pelliccia）

■「車輪星系」的輪型外觀來自於其他星系的穿越時，所產生的震波推擠了氣體與塵埃，並觸發了恆星形成，圖中藍色環狀結構就標示了剛誕生的大質量恆星。車輪星系距離我們 5 億光年，本身直徑約 15 萬光年。檢視更大尺度的氫原子分布（右黃框插圖中的等強度圖），可發現除了鄰近兩個星系，氣體還牽連了遠方一個小星系，這應該就是「凶器」了。（影像來源／ESA/Hubble & NASA）

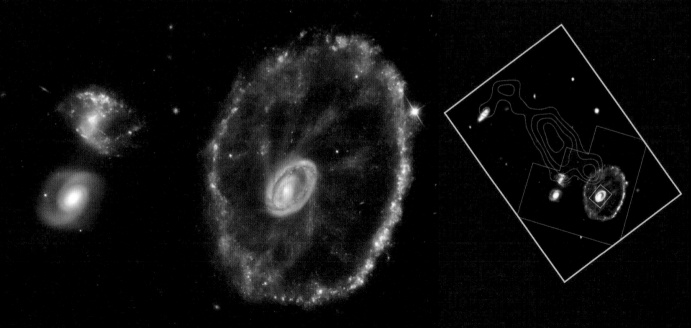

36 膨脹的宇宙

中文結合「上下四方」的空間，以及「古往今來」的時間，稱為宇宙，原該是最高至上，沒有更大或更久遠的東西了。當今的理論認為宇宙源於俗稱「大霹靂」的事件，時間與空間自此開始，目前仍然處於膨脹狀態。

這實在玄，要是我們所知道的這一切有起點，那麼「之前」是什麼？「之外」又是怎麼回事？

宇宙正在膨脹的證據，最早來自上世紀初針對星系的測量，一般稱為「哈伯定律」，現稱為 Hubble-Lemaître（哈伯一勒梅特）定律。如圖示意，橫軸是星系的距離（例如利用其看起來的亮度，或是估計星系當中某些天體的距離），而縱軸則是該星系與我們的相對運動（可以利用光譜都卜勒效應來估計），兩者似乎遵守直線關係，也就是「遙遠的星系都離地球遠去，而距離越遠者，離去的速度越快」。怎麼解讀這個現象呢？地球難道居於特殊位置，以致於遙遠的某星系知道自己離地球多遠，然後決定以多快的速率遠去？然而科學史一再證明我們不特別（平庸法則）：地球是眾多繞著太陽的天體之一，太陽乃銀河系中普通的恆星，而太空中有無數像銀河系這樣的星系，即使生命體也由宇宙中最普通的元素組成。

果真如此，宇宙中其他角落應該也觀察到這個定律。想像砲彈爆裂之後，每個碎片都看到其他碎片離去，而跑得快的當然就跑得遠。我們雖然處於宇宙時空極小的角落，卻悟出了「宇宙在膨脹」的結論。這條簡單的直線，應該算近代科學的重大成果之一。

宇宙膨脹並非是空間已經存在，而星系彼此遠離，比較像是時空膨脹，而星系只是順勢「跟著動」。這好像在氣球表面畫上斑點，當氣球吹大時，斑點跟著動而互相遠離，且越遠的離去越快，氣球表面沒有邊界，但是面積有限，隨著時間面積增加。氣球表面是二維的例子，宇宙空間則是三維，膨脹是整體性質，在小尺度下，例如地球繞太陽，銀河系與周圍星系互繞，都還是由重力主宰，不必然彼此遠離，也可以靠近。好像音樂會結束，群眾整體而言在散場（膨脹），但是三三兩兩還是可以各自群聚，甚至彼此靠近。

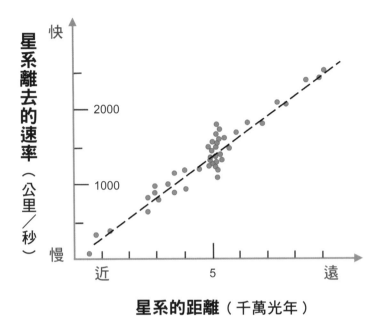

■星系與星系團都在離我們遠去，且距離越遠者離去越快，這就是哈伯—勒梅特定律，表示宇宙正在膨脹。圖中縱軸的速度 v，與橫軸的距離 d 的關係為 v = H₀d。其中 H_0 稱為「哈伯常數」，描述了宇宙膨脹的快慢。

■這張稱為「哈伯極深天區」（Hubble Ultra Deep Field）的影像拍攝於 2003 ～ 2004 年，相當於超過 13 天的曝光所疊加而成。影像的左上指向北方，長寬各只有 2.4 角分，相當於滿月張角的 10 分之 1，包含了將近一萬個星系，其中黯淡的紅色小星系，距離我們非常遙遠，它們發出光線的時候，約是大霹靂之後 8 億年，這些光線在太空走了 130 億年，現在才到我們這裡，這些是目前觀測到最遙遠的星系。當時宇宙小，星系之間多有交互作用。

NASA 於 2012 年又發表了 eXtreme Deep Field，包括了這張影像的中央區域，相當於 23 天的曝光，偵測到了更暗，也就是更遠、宇宙更早期的星系。後來陸續有此天區的其他波段觀測，是研究宇宙起源與早期演化的重要工具。

37 宇宙如何冷卻轉大人

除了哈伯—勒梅特定律，還有其他觀測證據支持宇宙有起點。其中之一是大霹靂之後瞬間，還分不出物質與能量，整個時空混沌一片，經過膨脹冷卻後，目前宇宙仍存在這些無所不在的輻射。還是以氣球為例，當均勻塗滿奶油（又是奶油，塗麵包沒問題，塗在氣球上保證被念）的氣球變大，每塊面積仍會布滿均勻奶油，只是厚度變薄了。

理論預期目前宇宙的平均溫度應該冷卻到大約 3 K，而因為這樣的溫度，輻射最強之處在微波波段，所以稱為「3 K 宇宙微波背景輻射」。右頁上圖是太空望遠鏡在不同頻率測量到的宇宙「背景」輻射。這樣的測量很困難，因為實際觀測到的，還包含來自恆星、星系、星際氣體、塵埃，太陽系微塵等等的輻射，這些都必須扣掉，才能估計哪些來自「漆黑的太空」。觀測結果完美符合理論，得到的溫度極為精確 2.72548 ± 0.00057K。後來又有太空任務，進行更精密的測量，也都獲得同樣結論。隨著宇宙年齡漸增，膨脹到更大，這個溫度還會下降。

這是朝著全天空四面八方的平均值，而且各方向的輻射很均勻，但又並非完全相等，就好像氣球上的奶油層不會一樣厚，總有起伏。宇宙剛開始的這些微小密度（或溫度）起伏（右頁下圖），導致密度稍高的區域藉由引力吸引周圍物質（包括暗物質），密度差別逐漸加大，最終演化成目前我們看到的大尺度結構（像是超星系團的分布）。

另外一項證據就是宇宙的成分無法完全都由恆星製造，而必須部分來自大霹靂的高溫進行融合。還有，根據恆星演化理論，銀河系裡某些星球（球狀星團的成員）很老，幾乎跟宇宙同壽，幾乎是宇宙第一代恆星了，但是到目前還沒有發現更老的天體。

時空正在膨脹、太空充滿均勻的低溫輻射、宇宙的化學組成比例，或是天體的年齡有限，似乎都支持大霹靂學說，也就是宇宙有起點。我們都來自單一受精卵，然後分裂、長大，分化成器官，也不是先有軀殼，然後細胞填充進去。有了這個體會，「無中生有」也就不是不能接受了。

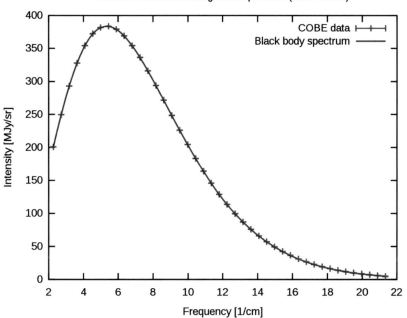

Cosmic microwave background spectrum (from COBE)

COBE data
Black body spectrum

Intensity [MJy/sr]

Frequency [1/cm]

■ COBE（Cosmic Background Explorer）太空望遠鏡在 1989 年到 1993 年間，測量宇宙微波背景輻射，紅色符號是在不同頻率測量到的訊號（橫向與縱向線段表示測量誤差），極度吻合大霹靂宇宙論預測的宇宙溫度所發出的黑體輻射（藍色曲線）。

■ WMAP（Wilkinson Microwave Anisotropy Probe）太空望遠鏡累積 7 年數據，測量全天空宇宙微波背景輻射與平均溫度 2.725 K（絕對零度 0 K 相當於攝氏 −273.15℃）的差異，其中紅色區域溫度高，藍色溫度低，上下起伏約 0.0002 度。（影像來源／ NASA/ WMAP）

38 宇宙的來龍去脈

古今中外多有關於天地、世界，或者我們現在稱為宇宙的觀點，有些來自觀察，有些源於冥想，幾乎所有可能都有人曾經提過。胡思亂想的人，只等著別人說他錯；而科學家不是沒有創意，但慎思明辨，盡力證明自己正確，否則就修正，繼續尋找問題，找答案。英文說的 search，然後一再 re-search，就是科學研究的精神。

關於宇宙的本質、起源與演化，早期說法跟神學差不多；事實上很多情節，與某些宗教經典類似，主要因為科學家也有宗教信仰，所使用的語言論述，自然來自其生活。

目前的宇宙論有越來越多的觀測證據。主張我們這個時空始於 138 億年前。在大霹靂之後 10^{-36} 秒到大約 10^{-33} 秒這段期間，時空以指數方式增大，這個「暴脹」過程造就了宇宙基本結構，也使得每方向性質幾乎相同。接著宇宙持續膨脹，但慢得多，直到約 40 億年前，由於暗能量的推動，造成宇宙加速膨脹。到目前為止，並不確定暴脹是否真的發生了，也不知道原因為何。

「大霹靂」一詞來自英文 The Big Bang，意指宇宙最初的奇異點，時空由此開始，是個俗稱，事實上並沒有聲響，所以不宜翻譯成「大爆炸」。大霹靂宇宙論目前能解釋許多觀測的現象，因此最為人所接受。如圖，宇宙的歷史沿著橫軸從左到右，在大霹靂之前時間與空間沒有意義，目前沒有發現任何「之前」的證據。某個時刻的垂直圓圈示意宇宙大小。

宇宙膨脹造成溫度下降，物質開始出現，在萬有引力作用下，出現了第一批恆星，結束了宇宙「黑暗期」，另外還有不會發光的「暗物質」（到現在也不清楚是什麼東西）。恆星周圍形成行星，恆星彼此則聚集構成了星系、星系彼此群聚成為星系團，以及更大的超星系團等「大尺度結構」。

暴脹瞬間改變了時空，引力場驟變，因此預期會產生重力波。另外早期的微小密度不均勻，使得宇宙背景輻射會發生偏振，這些都是目前積極推動的課題。

妙的是，就算大霹靂開創了屬於我們的時空，這並不表示之前沒有，或現在沒有其他的宇宙，但是目前也都沒有任何證據。

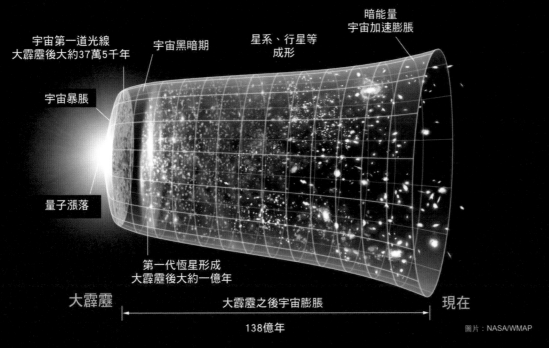

宇宙第一道光線
大霹靂後大約37萬5千年

宇宙黑暗期

星系、行星等
成形

暗能量
宇宙加速膨脹

宇宙暴脹

量子漲落

第一代恆星形成
大霹靂後大約一億年

大霹靂

大霹靂之後宇宙膨脹

現在

138億年

圖片：NASA/WMAP

■宇宙的歷史沿著橫軸從左到右，在大霹靂之前時間與空間沒有意義，目前沒有發現任何「之前」的證據。某個時刻的垂直尺度表示宇宙大小。

■這張 Abell 2744 的星系團照片由哈伯太空望遠鏡拍攝，距離我們將近 40 億光年，或許是由數個星系團相撞而形成。研究指出發光的數百個星系只占了全部質量的 5%，星系之間的熱氣體占了 20%，其餘 75% 則是暗物質。影像中微弱的藍色弧狀結構，是星系團巨大的質量將後方天體的光線偏折後產生「重力透鏡」效應的結果。（影像來源／NASA, ESA, and J. Lotz, M. Mountain, A. Koekemoer, and the HFF Team (STScI)）

39 太空中的黑社會

宇宙的組成，暗能量占了將近 7 成，暗物質則占了約 1/4，而我們熟悉的原子、分子、恆星、星雲、星系等一般物質，這些我們在學校學了半天的物理、化學，還有很多一知半解的知識，居然只占了 5%。其中的「暗」字代表了「不明」，也就是所知不多。

暗能量的證據來自於宇宙膨脹。來自遙遠星系的光線花了很久時間才到達地球，所以它們代表的是早期的宇宙。觀察發現當時的宇宙（比較小）膨脹比較慢，而這表示宇宙在加速膨脹。這讓人不解，因為照理說宇宙整體引力應該讓膨脹變慢才對，就好像把銅板丟向空中，銅板雖然向上，但是引力讓它越來越慢，怎麼可能越來越快飛出去呢（那誰還敢丟？）於是科學家提出有種未知的力量，推動宇宙加速膨脹。就跟大霹靂、宇宙暴脹一樣都是向外，目前仍然不清楚暗能量是怎麼回事，為目前熱門的研究課題。

暗物質也有個「暗」字，但是對其了解稍微多一點。我們確定暗物質存在，它們具有萬有引力，目前不知道它們的

形式，也沒有輻射。

開車上高速公路之前，因為隔音牆的關係，無法看到數量眾多的小車子，但是可以看到大車，它們運動受到牽制，因此我們能依此估計交通狀況。這就像暗物質，雖然本身不發光，但它們的引力影響了我們看得到的發光天體。

銀河系中的「黑暗星雲」因為塵埃濃厚而看起來暗黑，有別於發紅光或散射藍光的雲氣。但是黑暗星雲仍然有低溫分子或塵埃的輻射。暗物質則完全不發光，仍有待探究其性質。

中子星有強大磁場，表面的電子受到加速放出角度集中的「同步輻射」，發射的光束如果對著地球，我們就能偵測到電波。隨著中子星自轉，這些電波訊號就像燈塔的燈光間隔明滅，這些稱為「脈衝星」。有種脈衝星的強大重力場會摧毀鄰近的伴星，因此擬如吃掉性伴侶的某類「黑寡婦蜘蛛」，這類星體俗稱「黑寡婦脈衝星」。

看來宇宙社會也有很多黑暗面。

宇宙組成

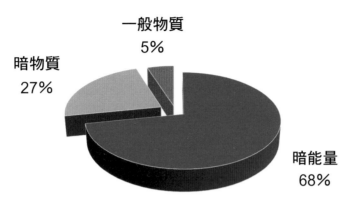

一般物質
5%

暗物質
27%

暗能量
68%

■目前所知宇宙整體的組成，一般物質占了 5%。暗物質似乎不發射電磁波，但與發光物質有引力作用，占了約 1/4。對於暗能量，目前所知不多，在某些宇宙論中，它占了宇宙組成將近 7 成。

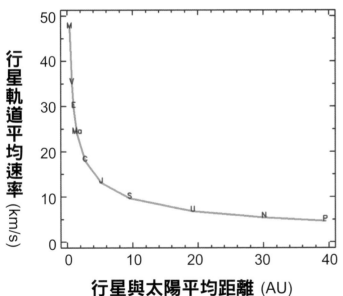

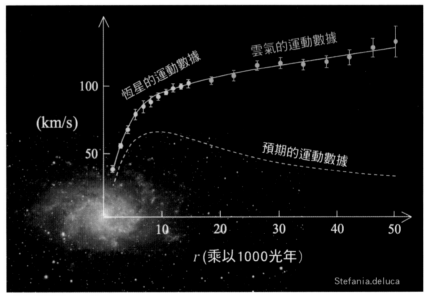

■太陽系各行星的軌道速率，隨著距離太陽越遠（橫軸往右），因為引力變弱，行星公轉明顯變慢（縱軸往下），這樣行星才能穩定繞行。

■距離星系中心越遠的恆星與雲氣，即使到了星系外圍不太有發光物質之處，居然還能維持相同速率，表示星系四周存在不發光的物質，提供暗物質存在的證據。

40 黑洞算什麼東西？

愛情大家都知道，只有少數人自以為懂，卻沒人說得清楚，像極了黑洞。黑洞為日常用語，例如形容財政。什麼是黑洞呢？同樣的質量塞進了越小體積，密度就越高（越濃）。要是塞進了「太多」，這就成了黑洞了。那什麼是「太多」呢？（嗯，一個問題換一個。）

關鍵就在「黑」。這裡的黑是沒有光跑出來。這跟星際暗雲擋住背後光線，自己的塵埃與分子其實仍有微弱輻射不同。在某個體積內塞了太多東西，密度無限緊密，是個空間中內凹的區域，在「勢力範圍」內重力強到所有東西都跑不出來，連最會跑的光線都跑不出來，這就是黑洞了。該範圍有學問的定義是「某個區域表面的逃脫速度等於光速」。連光都跑不出來當然黑。

它不是單一天體，是種質能狀態。所以我們無法回答「黑洞有多大？」就如同問「水有多少」一樣說不清楚。水是種物質，可以汪洋，也可以涓滴。黑洞也可大可小。當大質量恆星的核心塌縮，如果無法以白矮星或中子星的方式撐住，就會收縮成黑洞。這種恆星級黑洞的大小只有幾公里，相當於一個小鄉鎮。有些星系的中央存在超大質量黑洞，包含了相當於數億個太陽的物質，這種星系級黑洞的尺度約為太陽系的大小。

在平坦的床單上放上鉛球，床單會下沉而被扭曲，在床單扭曲點附近的東西都會掉下去。這可以解讀為「受到萬有引力」，也可以說質量讓空間彎曲，而彎曲的空間則讓質量運動。黑洞本身雖然不洩漏訊息出來，但是繞行的發光物質會快速運動，或是周圍物質受到龐大重力而加速，因此發出高能輻射，仍然透露了行蹤。

神祕的東西總引人入勝。黑洞奇妙之一在於，扭曲的時空有可能讓這頭連結到另外一頭，這下就可以穿梭時空了。到目前為止，已經觀測到星系級及恆星級黑洞的存在，但是仍然沒有時空穿梭的證據。站在「暗物質」與「暗能量」面前，黑洞的神祕畢竟只是「黑」而已。

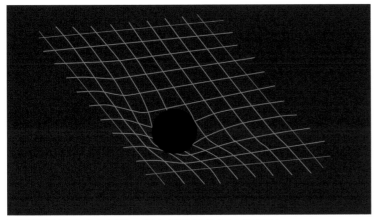

■黑洞是個時空奇異點，其內部的訊息無法跑出來。

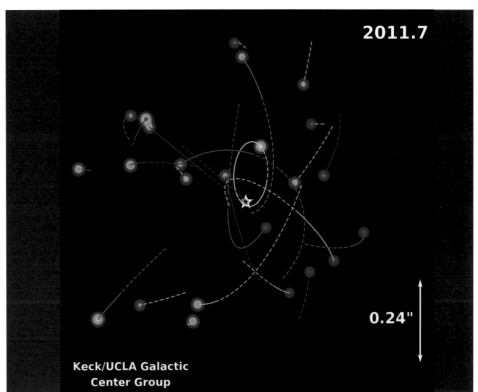

2011.7

0.24"

Keck/UCLA Galactic
Center Group

■銀河系中心的超大質量黑洞。朝向銀河系中心消光嚴重，必須在紅外波段或更長波段觀察天體，利用高解析力監測銀河系中心周圍的星球運動，從軌道快慢推測中央有個超大黑洞，質量約為太陽4百萬倍，距離我們約2萬7000光年。圖中顯示某時間天體的軌跡，完整動畫可見 http://www.astro.ucla.edu/~ghezgroup/gc/animations.html（此項有關銀河系中心的研究成果獲2020年諾貝爾物理獎。）

■ M87 是個巨型橢圓星系，距離我們5500萬光年，這張史匹哲太空望遠鏡所拍攝的紅外影像，中央部分放大可見噴流現象，乃周圍物質掉入65億倍太陽質量的黑洞所造成。右下圖為「事件地平望遠鏡」（位於地表不同位置的望遠鏡共同觀測）取得的黑洞剪影，因為黑洞自旋造成朝向我們的一邊比較明亮。（影像來源／NASA/JPL-Caltech/IPAC/Event Horizon Telescope Collaboration）

41 來自天體的訊息

大自然以不同的方式發出電磁波，也稱為輻射，可見光只是其中能量範圍極小的一種，但有時候把電磁波就稱為「光」。天體因為條件極端，偶爾會有意外的現象，倒不一定總發現新的科學定律，而常可以用已知的知識解釋。英文的 Ochham's（或 Occam's）Razor，是個科學與哲學的簡約邏輯法則，意思是「多一事不如少一事」。倒不是懶惰的藉口，而是能夠簡單就簡單：對於已知現象，如果有不同解釋，盡量採用最簡單的那個；對於未知現象，盡量用已知的原理解釋，而不要先發明新的。大自然當然也可以不簡單，但不該先複雜化。

宇宙這麼大，時間這麼長，令人驚訝的是似乎由為數不多的規律主宰，雖然這不表示它們容易（做學問好辛苦）。你我身上最多的是氫元素，多半跟氧結合成水。而這樣的氫原子，跟組成太陽的氫原子，以及百億光年外遙遠星系當中的氫原子，有相同的結構，也遵循一樣的物理與化學性質。這有點不可思議，但讓我們從地球實驗室與教室所學得以理解天體，正如愛因斯坦所說：「宇宙之所以不可理解，在於其居然可以理解」。網路謠傳很多愛氏之言（還有孔子），這句有史可考，而且很富哲理。

來自天體的電磁波有些跟溫度有關（黑體輻射）；有些靠磁場加速（同步輻射）；有些射向四面八方，有些則像光束般只朝特定方向；有些波長範圍寬廣，有些則集中在某個波段（譜線）。同個天體可以不同機制發出波長相異的電磁波。當然天體還可以反光或遮擋別的發光天體。

除了電磁波，天體也發出別種訊息，我們收集這些訊息，應用不同領域的知識，試圖了解天體的性質或者太空現象。如何不錯過蛛絲馬跡，分辨異常，判斷哪些是天大的成果，哪些是對「正常」認識不足。這，就是學問了。

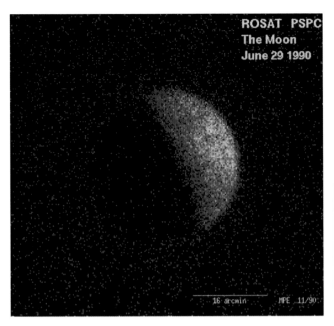

■這是 X 射線太空望遠鏡 ROSAT 所拍攝月球的影像。黑色表示沒有訊號。影像中可以看到太陽照耀的亮面，以及月球黑暗半球，在背景瀰漫 X 射線訊號中所形成的陰影。（影像來源／ Schmitt et al. 1991, Nature, 349, 583）

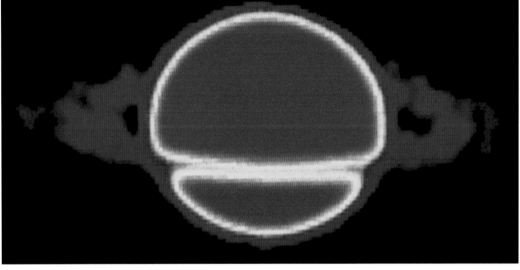

■這是 VLA 電波干涉陣列所拍攝的土星影像。在可見光的影像中，土星光環反射陽光而非常明亮，但在電波波段土星本身輻射明顯，位於土星前方的土星環因為吸收土星的輻射而顯得黯淡。（影像來源／ I. de Pater, J.R. Dickel; NRAO/AUI/NSF）

■這是 VLA 在 4.6 GHz 所拍攝太陽的影像，可以看到表面活躍的區域。（影像來源／ NRAO, Djorgovski, S. G. et al.）

42 收集天體的訊息

天文觀測藉由收集天體發出的訊息，來研究它們的性質，例如大小、質量、光度、溫度、成分等。電磁波隨著距離增加強度減弱。平常把奶油塗在麵包上，同樣份量塗在越大面積的麵包，當然就越薄。同樣道理，光線從天體發出來後，以光速向外傳播，分布在越來越大的球面上，強度不斷變弱。想要收集微弱的訊號，就必須增加集光面積，如圖所示。

望遠鏡的功能在「集光」與「成像」，利用光學原理讓微弱的光線聚集在一起，成為清晰的影像。能夠收集越多光線，就能看到越暗的東西，也就是靈敏度越高；另外要看得清楚，也就是解析度好。日常生活看比賽、演唱會、賞鳥，軍事等都需要「望遠」。

天體由於地球自轉而東升西落，隨時都在移動位置，因此天文望遠鏡需要馬達驅動，來抵銷地球自轉的影響，以保持指向目標。相對於遙遠恆星，距離近的彗星、小行星又需要特定的跟蹤速度。

地球大氣提供我們呼吸，大氣壓讓地表有水，但是對於觀察宇宙卻是個障礙。首先是大氣吸收電磁波，使得某些波段到達不了地面，例如部分紫外線，以及整個 X 射線與伽瑪射線波段。紅外線以及無線電波，則有部分大氣吸收的空檔，可以在地面觀測。

大氣的另個影響是造成影像模糊，有如在游泳池水下看外面的燈光晃動，流動的大氣也有一樣效果。使得原該是光點的影像，變得晃動而模糊。

因此觀察天體，除了天氣要好，最好遠離大氣，也就是到高海拔，或甚至把望遠鏡放在太空。

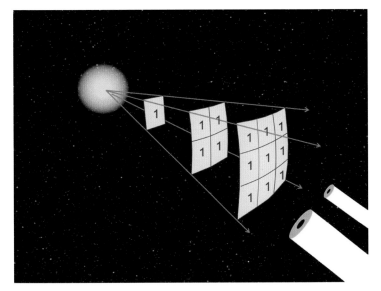

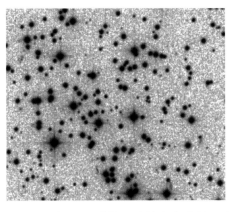

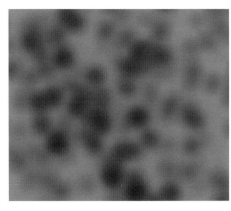

■天體發出的電磁波（光），向外傳遞而分布在更大的球面積上，因此強度隨著距離平方成反比減弱，要是被星際物質吸收或散射掉，就更黯淡了。接收訊號的望遠鏡要是口徑越大，就能攔截到越微弱的訊號。

■（左圖）M67 疏散星團的中央成員星比較密集；（右圖）大氣擾動使得影像變得模糊。

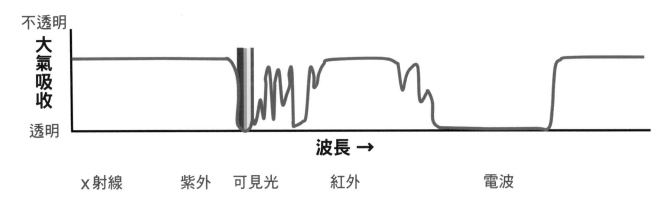

不透明

大氣吸收

透明

波長 →

x射線　　　紫外　可見光　　　紅外　　　　　　　電波

■地球大氣只讓某些波段的電磁波通過，包括了可見光，部分紅外波段，以及部分（無線）電波波段。這張示意圖縱軸是大氣吸收的程度。比紫外更短，以及波長約大於 10 m 的電波完全到達不了地面，要在這些波段觀測得遠離大氣。

43 多樣的天文望遠鏡

望遠鏡種類繁多。有一種利用反射原理聚集光線。平常在平地拍球，直下就反彈直上，斜著落地球就往另個方向彈去（入射角等於反射角）。常見的望遠鏡成像原理，則利用拋物面鏡，把來自遠方天體的平行光，反射之後集中在焦點。

裝衣服用的寬格網袋不能用來裝米，因為擋不住小顆粒。同樣道理，如果拿網球拍來打乒乓球，因為以球的尺度來說，球拍不夠平滑，就很難掌握反射方向。反射電磁波因此依波長而有不同考量。對於無線電波這樣的長波（大球），反射面可以「粗糙」些，收集米波（不是米，是波長公尺等級的電磁波），望遠鏡甚至看起來真有點像衣袋。

波長短到毫米或次毫米波段，反射面就必須精細些。對於波長短得多的可見光，鏡面就得像平常用的鏡子那般平滑；用於科學觀測，鏡面的形狀與高低起伏的精確度就更計較了。這樣的表面精度，需要使用不受脹縮的材料製作，例如以玻璃為基底，表面鍍上反射膜（依波長而異）。

另外一種成像原理則利用透鏡折射，例如我們平常的眼鏡或雙筒望遠鏡。但這樣的折射望遠鏡因為只能在邊緣支撐，而易變形、斷裂，難怪最大的折射式天文望遠鏡口徑也只有 1 米，現已少見，只有小型望遠鏡採用這種方式。

反射鏡雖然可以在背後支撐，但大型望遠鏡仍然重量龐大。解決的方式之一，是採取分離式鏡面，整體達成成像需要的形狀，但個別支撐，這樣也可針對溫度變化或指向所造成的機械變形進行形狀微調。即使如此，世界上目前可見光與紅外望遠鏡最大口徑約 10 米，下一代 20、30、40 米反射鏡正建造中。而電波望遠鏡外觀上類似室外電視碟形天線，單一天線直徑最大可達數百公尺。

X 射線望遠鏡需要完全不同的考量。這是因為 X 射線不像光線般反射，而會穿透一般物質（所以我們才能照 X 光），但是當傾斜入射時，原子「看起來」比較接近，有效間隔小，因此能夠反射，這很像垂直投石便入水，但沿著水面藉著表面張力可以打水漂。X 射線望遠鏡利用例如金、銥等金屬薄片，以擦掉表面的方式聚焦成像，因此外表看起來不是印象中「望遠鏡」的樣子。

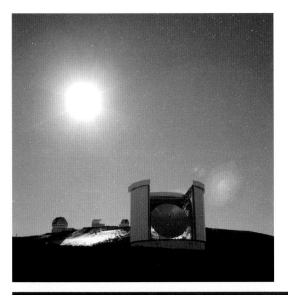

■（左圖）JCMT（James Clerk Maxwell Telescope）位於美國夏威夷 Maunakea 天文台；（右圖）天線直徑 15 米，偵測波長 0.4 到 1.4 mm，由東亞天文台負責營運。（影像來源／JCMT/EAO）

■宇宙高能伽瑪射線無法直接穿透地球大氣，但是當撞擊大氣時，會產生基本粒子，比空氣中的光速快，產生切倫科夫（Cherenkov）輻射，類似飛機超越音速時，產生的音爆。在地面上藉由偵測這些輻射，得以回推太空中的高能輻射抵達的時間、方向與能量。這張照片攝於 the Canary Island of La Palma 的 Roque del Los Muchachos Observatory，是 ESO 規劃的 CTA（Cherenkov Telescope Array）的第一步，將在南、北半球設置超過 100 座天線，探測宇宙最高能量的輻射。（影像來源／Sarah Brands (University of Amsterdam)）

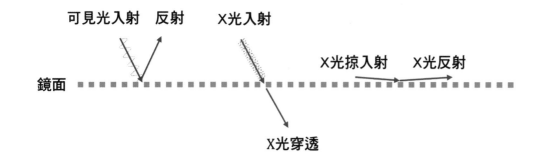

■一般鏡面直接以相同角度反射可見光。但因為 X 光會穿透，因此必須以幾乎平行鏡面的角度掠入射，才能反射。

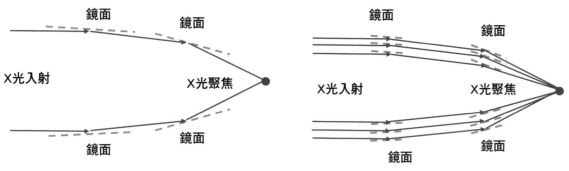

■ X 光望遠鏡利用掠入射原理，以逐漸傾斜的多層鏡面達到聚光效果。

■ X 射線望遠鏡 NuSTAR（Nuclear Spectroscopic Telescope Array）採用層層圓柱形金屬薄片，以掠射反射並聚集 X 光。（影像來源／NASA/JPL-Caltech）

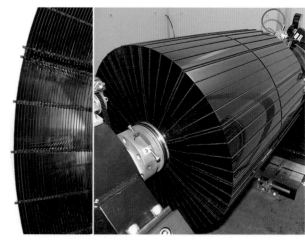

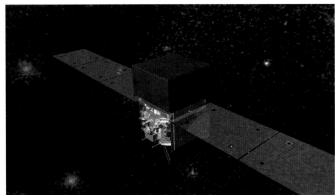

■ Fermi 是伽瑪射線太空望遠鏡，也稱為 Gamma-ray Large Area Space Telescope (GLAST)，於 2008 年中發射，目前仍在軌道上正常工作。（左圖）是發射前在實驗室中太陽能板收起的照片。（中圖）是在太空展開太陽能板後的示意圖。（右圖）是 Fermi 的「望遠鏡」，其實就是偵測伽瑪射線的偵測器。（影像來源╱ NASA/DOE/Fermi LAT Collaboration）

	軟X射線	硬X射線	伽瑪射線
能量	< 1 keV	1 keV ~ 0.5 MeV	> 0.5 MeV
波長	1 nm ~ 10 nm	0.002 nm ~ 1 nm	< 0.002 nm

■高能輻射（射線）依照能量或對應的波長分類。

除了以上這些收集電磁波的望遠鏡與偵測器，另外還有偵測粒子，例如宇宙射線或微中子，因為用來研究天體，也泛稱為「望遠鏡」，這些都有各自的設計。

44 新穎的望遠鏡設計

望遠鏡常用圓形透鏡或反射鏡來收集光線，光線入口的「主鏡」直徑稱為口徑。口徑越大，面積也越大，但很多天文望遠鏡的主鏡中央有個空洞，這樣光線經過主鏡反射後，又經過另外鏡子反射回來，穿過此空洞，繼續進入主鏡後方的儀器（例如相機或光譜儀）。這樣一來，主鏡的有效集光面積就減小了。但無論如何，口徑越大，集光能力越強，也就能看到越暗的天體。

望遠鏡的另個功能是把影像放大，才看得清楚。如果將主鏡分割成小片，各自都能成像，但看到的稍有不同，彼此「建設性干涉」而構成最終更清晰的影像。其中距離最遠的小片（鏡子外圍）扮演關鍵角色。例如一個光點，經過望遠鏡成像成一個亮盤。口徑越大的望遠鏡，外圍的小片彼此干涉更明顯，光盤會變小，越接近原來的點，也就是口徑越大，解析力越好。

如圖，如果現在只保留標出白色的小鏡面，它們整體還是維持了拋物面鏡的形狀，因此依然能彼此干涉，集光能力雖然侷限於這些小鏡的面積總和，但是解析力相當於原來拋物面鏡的口徑。

這就有意思了。既然沒有了累贅，這些小鏡面乾脆拉遠，「假裝」有個完整鏡面，就能以干涉的手段，得到好的解析力。這樣的干涉技術最早在電波波段實現，干涉儀的基線越長，解析能力越強，在電波波段可以長達數公里，甚至跨越地表不同陸塊，這樣的 Very Long Baseline Inteferometry（VLBI）技術未來甚至將應用到太空。

可見光或紅外因為波長短，干涉技術要求嚴格，例如位於美國夏威夷的兩座 Keck10 米望遠鏡，或是位於智利的 VLT（Very Large Telescope）四座 8.2 米望遠鏡，都可以進行干涉觀測，取得高分辨率的結果，長基線的可見光干涉儀包括了位於美國加州的 CHARA（Center for High Angular Resolution Astronomy）以及亞利桑那州的 NPOI（Navy Precision Optical Interferemetry），可獲致千分之角秒的解析力。

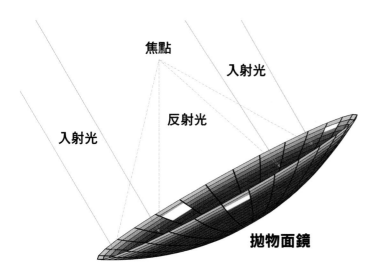

■原本的拋物鏡面，即使只剩下一部分（以白色標示）仍然可以成像，獲得天體資訊。

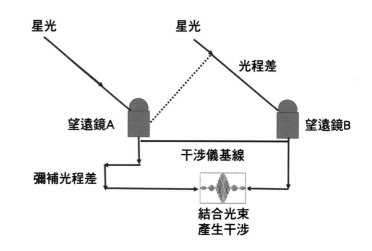

■干涉術基本原理示意。光線進入兩個望遠鏡，光行走的路徑不同，將光程差補足後，可將兩束光結合而干涉，據以獲得光源的細部訊息。

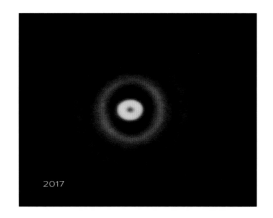

■利用次毫米波干涉技術，解析出初生恆星周圍塵埃盤中的環狀結構。（影像來源／ALMA/ESO/NAOJ/NRAO/AUI/NSF/Kraus et al.）

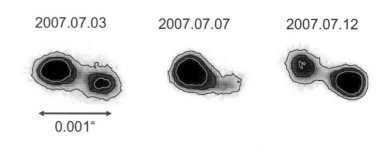

■天琴座 β 星已知是顆緊密接觸的食雙星，彼此互繞週期 13 天，利用光學干涉儀 CHARA 解析出兩顆星繞行的運動，彼此角距離不到千分之一角秒。（影像來源／CHARA/Zhao et al.）

■ ALMA（Atacama Large Millimeter/Submillimeter Array）是接收毫米波與次毫米波的干涉儀，位於智利北方的沙漠，海拔 5000 米，有絕佳的天氣狀況，不但晴天率高，遠離電波干擾，且頭頂的水氣少，有利於長波觀測。ALMA 這個干涉陣列基線最長 16 公里。目前安置 54 座 12 米天線，搭配 12 座 7 米的天線，有靈活的干涉基線組合，從 2013 年起開始運作，是世界這個波段最先進的設備，我國中央研究院天文與天文物理研究所是合作成員之一。照片中可看到南半球天空明顯的大、小麥哲倫星系。（影像來源／王為豪、ALMA）

■接收電波波段（0.7 cm 到 400 cm）的 Very Large Array（VLA），以電波天文學先驅 Karl Jansky 命名，位於美國新墨西哥州，也是個干涉儀，包含了 27 座口徑 25 米的天線，安置在鐵軌上，依照需求移動。鐵軌成 Y 形，每邊各長 21 公里，依照課題要求可調整基線組合。（影像來源／ NRAO/AUI/NSF）

■美國「海軍精確可見光干涉儀」（NPOI）位於亞利桑那州旗竿市（Flagstaff），望遠鏡以 Y 形排列，邊長約 250 米，是目前最成功的可見光干涉儀之一。

■ CHARA（高角分辨天文中心）由 6 座 1 米望遠鏡構成 Y 形干涉儀陣列，位於美國加州威爾遜山，屬於喬治亞州立大學，相當於330 米口徑望遠鏡的解析力。（上圖）結合來自 6 座望遠鏡光束的光學桌；（左圖）其中一座 1 米望遠鏡及光束傳輸管。

45 巧妙的觀測技術

有種光學設計很有意思。當單一光點經過成像，由於光的波動性質，產生繞射現象，會形成一個亮圓盤，外面繞了暗、亮相間的圈紋。一般希望中央亮盤越小越好。這樣解析力就比較好。當望遠鏡的口徑越大，亮盤就越小。

想像有兩顆星在天空很接近（這並不表示它們實際上彼此距離近，互相繞在一起，而有可能彼此相距遙遠，只是從我們的方向「看起來」角度相近），透過望遠鏡各自呈現繞射影像，「如果」光學品質好（亮盤小）、「如果」彼此角度不是太小（亮盤重疊），又「如果」星星夠亮（不至於亮盤看不清楚），那就可以分辨出兩顆星。要是沒有分辨出來，我們對於它們的性質判斷當然就不準確。

進一步想像亮星旁邊是顆暗星（例如是棕矮星或行星），要是其位置恰好落在恆星的亮紋，便不容易觀測了。這時可以調整光路，犧牲一點中央亮盤的品質，改變暗紋的位置，讓暗星成像位於暗紋，減少與亮星的反差，測量暗星就容易多了。精心要求的高品質光學設計與製作，卻因為科學要求，暫時人為製造「瑕疵」（光點的影像變形了）以達到特定目的，饒富創意與趣味。

歐洲太空總署的太空望遠鏡 Gaia，名稱來自希臘神話主管神靈與人類創生的大地女神「蓋婭」。此任務於 2013 年底升空，目的在精確測量天體的位置，經過幾年比對，利用「視差法」（從軌道上不同位置觀看距離不同的恆星相對位置不同）估計恆星距離及在太空的運動。目前望遠鏡仍然運作，數據對於測量恆星參數及銀河系結構有巨大貢獻。

一般的望遠鏡採取圓形光學設計，所以點光源成像為圓形，但是相機的畫素卻是方形，這有點橫柴入灶，不利於精確測量位置與亮度。所以 Gaia 望遠鏡採取長方形光學元件，這樣星球的光點就是長方形。這在教科書裡不稀奇，但實際用在太空望遠鏡讓人眼睛一亮。文明進步有緩有急，但讓人驚艷的創意，從來沒有極限。

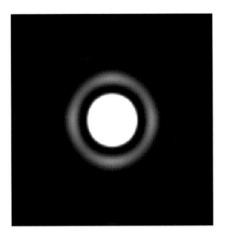
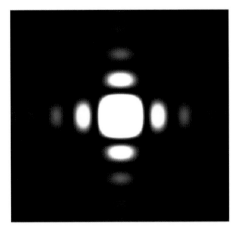
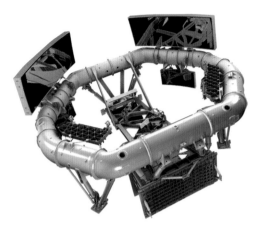

■（左圖）點光源以圓形鏡面成像，呈現明亮圓盤及明亮交錯的圓環。（中圖）長方形鏡面則呈現長方形影像。（右圖）Gaia 望遠鏡的示意圖，使用長方形鏡面。（影像來源／ Gaia ）

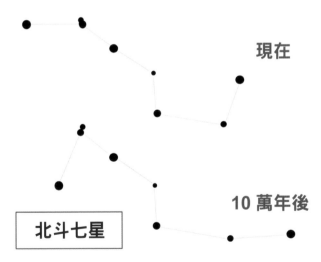

現在

10 萬年後

北斗七星

■利用 lucky imaging 技術，也就是快速曝光，選取「凍結」住大氣變化的某些最佳影像來疊加，得到幾乎沒有大氣擾動的影像。這張是利用 14 吋望遠鏡在恆春拍攝的木星。（影像來源／謝揚鵬）

■天體在天上動得很慢，尤其越遠者越慢，運行的角速度稱為「自行運動」，通常每 1000 年只有數角秒。（上）「北斗七星」現在的樣子；（下）10 萬年後因為各自分別運動，已經不再成「斗」型了。

46 與時俱進的偵測儀器

眼睛的瞳孔讓光線進來，直徑約 7 mm。一般雙筒望遠鏡若標示 8×50，表示放大倍率為 8，而物鏡（指向目標的透鏡）直徑為 50 mm，差不多就是口徑，這樣集光能力約是瞳孔 50 倍。當然實際表現還要看望遠鏡表層的鍍膜（透光程度）、光學品質（是否銳利清晰），還有我們自己視力是否模糊。

望遠鏡收到光線後以偵測儀器來紀錄。我們的眼睛也是偵測器，但口徑小，也無法長期曝光（看再久也只能看到 6 等星）。早期偵測器利用光化學反應的底片，現在則應用光電效應把光變成電子，然後數位化成為方便記錄與運算的數字。

想像自己是道光線，從天體發射出來後，經過廣大的太空，遇到星系之間，然後是銀河系當中恆星之間的氣體與塵埃吸收、散射，或是與磁場作用，有時候星際物質本身也發出輻射。這些電磁波到達地球後，又與大氣作用，最後經過望遠鏡，到達儀器。這當中不但經過很多物理與化學過程，望遠鏡效率並非百分百（每通過一個透鏡，或反射一次就減少一點光線），儀器也一樣，甚至有雜訊（電視沒有訊號時

的雪花畫面）。天文觀測的目的，是如偵探般，從最終的雜亂數據中找出訊息，來推敲源頭天體的性質，這當中需要多方面的知識：物理、化學、數學、材料、電機、影像處理、數據分析、統計推測、程式設計等。不同專長的人才都可以貢獻。

紀錄的數據可以是一幅影像，分析其亮度隨位置的變化（光度），也可以分析亮度隨波長的變化（光譜），或是亮度是否在某個方向比較強（偏振）。日常生活中大氣散射陽光，或是水面或雪地反射陽光就會發生偏振現象，可以戴偏光眼鏡以避免炫光。測量天體光度、光譜或偏振都是天文觀測的手段。然後還可以探究是否隨時間改變。

以前的相機只能選擇在亮度或光譜選一樣，因為兩者儀器配置不同。現在新穎的設計可以在數位相機的每個畫素除了紀錄亮度強弱，也分辨出亮度隨波長的變化。這樣的「集成視場光譜儀」把光度與光譜一魚兩吃，落實了「只有小孩才做選擇，我都要」。可以用在天文觀測，例如有效取得星系不同部分的光譜，類似的偵測器如今也應用在太空遙測或

生物醫學。

　　科學研究追求卓越，常要求比目前最好的儀器還要「更靈敏、更清楚（空間、能量，或時間的分辨能力）、更準確、更有效率」，不斷推動技術尖端，有些促進了有益民生的產品。

天文學探討的目標，動輒又遠又暗，要不變化極快，不僅科學課題本身，參與開發領先潮流的儀器，或是革命性的數據處理與分析、皆深具挑戰樂趣。

■這不是真正的「照片」（跟第 01 篇比比看），而是 Gaia 望遠鏡在軌道上不斷拍攝各天區影像，精確測量天體的位置與亮度，藉此求得其距離（視差）以及運動。這張展現了望遠鏡所觀測的 17 億顆星拼成的全天「天圖」。可以看到銀河系盤面，以及右下方的大、小麥哲倫星系。（影像來源／ESA/Gaia/DPAC）

47 觀察宇宙的新工具

觀察天體講求靈敏（看得暗、看得遠）與解析能力（看得清楚，光譜分辨力高），近幾年又增加了維度（就是多了新可能性），也就是看天體如何隨時間變化。

建構中的 8.4 米口徑 Large Synoptic Survey Telescope（LSST）望遠鏡，共有三個反射鏡，特殊的光學設計可以達到 3.5 度的廣角視野（這是很大的視野，滿月的張角只有半度），而主鏡的有效口徑為 6.5 米。望遠鏡口徑大，另外配備了 32 億畫素的數位相機，一方面視野大，能高效率每 3 天巡邏天空一次，另方面畫素夠，解析力也好。藉由比對不同時間取得的影像，便能指認天體的亮度或位置發生變化，有如幫宇宙拍電影。此望遠鏡目前命名為 Rubin 天文台，紀念 Vera Rubin 這位有成就的天文學家，預計於 2023 年開始巡天觀測。類似這樣規律巡天，探討天體如何隨時間變化，是新的課題趨勢，探索天體的時光流轉。

為了克服大氣干擾，最好的方法是去太空觀測，但是花費大，工程要求也高。地面上已經有 10 米的光學望遠鏡，但有名的哈伯太空望遠鏡的口徑只有 2.4 米，卻提供了無以倫比的革命性數據。接替的下一代太空望遠鏡 James Webb Space Telescope（JWST）口徑達 6.5 米，原本預計 2007 年發射，但一直延宕至今，目前規劃 2021 年底送上軌道，將領下一代風騷，值得期待。

在地面觀測，對於只能觀測某些波段的限制無解，但是大氣擾動則可以克服。日常拍照時，如果目標快速運動，使用短曝光可以「凍結」影像，就不會模糊。觀測天體時，如果除了目標，也同時監看它附近的已知點光源，然後依此讓鏡面變形（自適應光學），便能夠抵銷大氣的效應，得到清晰影像。有時候以光達射向高層大氣，人工製造個光源，是極富巧意的觀測技術。

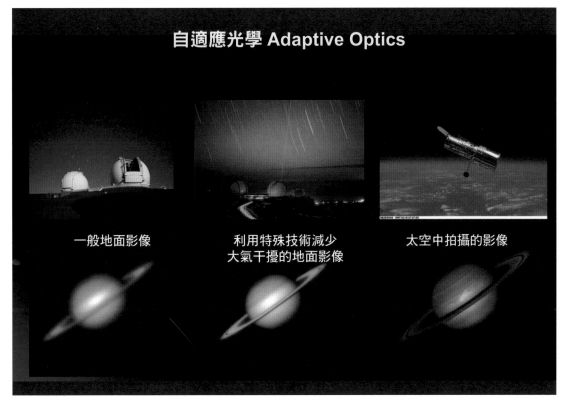

自適應光學 Adaptive Optics

一般地面影像

利用特殊技術減少
大氣干擾的地面影像

太空中拍攝的影像

■（左）地面望遠鏡取得的影像，受到大氣擾動影響而模糊不清；（中）應用自適應光學技術，改變光學成像系統，以抵銷大氣造成的影像變形，可以得到媲美（右）太空望遠鏡取得的清晰影像。

■ JWST 主鏡比哈伯太空望遠鏡大得多，由六角形小鏡面組成，表層鍍金以有利紅外波段反射，主鏡發射時收折起來，到了太空再展開。圖為在實驗室的 JWST，預計 2021 年底發射。

■（左圖）此為 LSST（也稱為 "Legacy Survey of Space and Time"）的擬真圖。此望遠鏡位於智利 Cerro Pachón，標高 2715 米。（右圖）是 LSST 的 8.4 米口徑主鏡胚。（影像來源／LSST）

48 望向夜空的光學大眼睛

用來觀察天體的就稱為天文望遠鏡，古代「以管窺天」，沒有光學元件，但是摒除視線干擾，也能獲得比較清晰的影像（聽說從井底觀天也有相同效果，我沒有試過，得問青蛙）。用來探測微中子的地下探測器，以及偵測重力波的干涉儀，嚴格說起來也算望遠鏡。

可見光與紅外線的望遠鏡外觀一樣，如果要接收紅外訊號，當然得用對應的偵測器，到了近紅外（1000 奈米）或更長波長，環境發出的熱輻射就已經開始明顯，偵測器就得制冷，以減少雜訊。另外望遠鏡得用反射紅外光比較有效的鍍膜。已經在運作的大型光學與紅外望遠鏡（常以「光學」取代「可見光」，不是好的用法，但約定俗成），包括在夏威夷白山頭的兩座口徑 10 米的 Keck 望遠鏡，主鏡採取蜂巢式分隔設計。此望遠鏡由私人捐款加上 NASA 出資建造，交由加州理工學院及加州大學系統管理。

在同個夏威夷山頂，還有日本國家天文台的 8 米 Subaru 望遠鏡（這個字在日文是「昴宿星團」的意思，同名汽車的標誌就象徵該星團），這個山峰海拔高 4000 米，常位於雲層之上，加上遠離其他陸地，四周環海，受到海水高比熱的優勢（比熱大受到熱量的影響小，溫度升降範圍小），為優良的天文觀測地點。

在南半球智利北部的沙漠地帶，高原山峰多，又在大陸的西側，也有極佳的觀測環境。除了 ALMA，該地區還有多個山頭安置了大型望遠鏡。南極應該也適合天文觀測，不過環境惡劣，建設與運作不易，目前還沒有大規模望遠鏡。中央研究院天文所在格林蘭放置了次毫米天線，也是「良禽擇木而棲」的例子。

望遠鏡越大，集光能力與解像功能當然越優越，不但是工程的挑戰，造價也大為增加，因此多以國際合作（打群架啦）的方式進行。

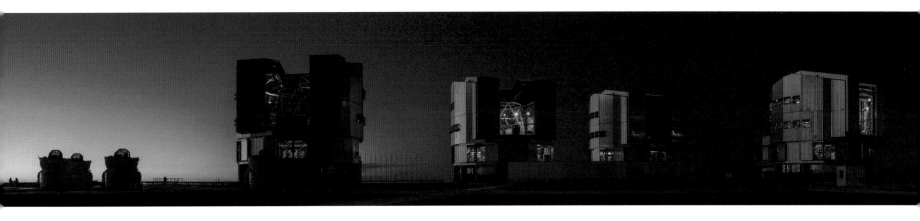

■這是「超大望遠鏡」（VLT, Very Large Telescope），位於智利 Atacama 沙漠的 Cerro Paranal 山頂，標高 2635 米，由 ESO (European Southern Observatory; 歐洲南方天文台) 於 1998 年起運作。VLT 包括了四座 8.2 米望遠鏡，可各自觀測，也可聯合構成干涉儀，另外周圍還有四座 1.8 米小望遠鏡輔助構成干涉儀。（影像來源／ESO/B. Tafreshi (twanight.org)）

■（左）位於美國夏威夷 Maunakea 山頂的兩座 10 米口徑 Keck 望遠鏡之一。（右）每個 Kech 主鏡使用 36 個，每個大小 1.8 米的六角鏡片拼接成為相當於 10 米的反射鏡。（影像來源／Keck/SiOwl/Cmglee/Phoenix7777）

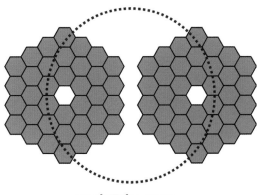

Keck Telescope
Mauna Kea, Hawaii
(1993/1996)

運作中或規劃中的大型光學望遠鏡	口徑 (m)	有效集光面積 (m²)	啟用日期
Extremely Large Telescope (ELT)	39.3	978	2025
Thirty Meter Telescope (TMT)	30	655	2027?
Giant Magellan Telescope (GMT)	24.5	368	2022
Southern African Large Telescope (SALT)	11.1　9.8	79	2005
Keck Telescopes I & II	10.0	76	1990, 1996
Gran Telescopio Canarias (GTC)	10.4	74	2007
Very Large Telescope (VLT)　4 座	8.2		1998-2000

■運作中或規劃中的大型光學望遠鏡。已在運作中的以粗體標示。最前面三個正在規劃中的有效口徑相當於 20 米到 40 米，應該稱為「巨型」望遠鏡了。其中 ELT （Extremely Large Telescope；極大型望遠鏡）由歐洲國家合作，GMT（Giant Magellan Telescope）則由美國東岸哈佛大學領軍，兩者都放在南美洲智利。而 TMT（Thirty Meter Telescope）則主要由美國西岸加州理工學院主導，目前還沒有確定安置地點。這些望遠鏡計畫都有多國參與。

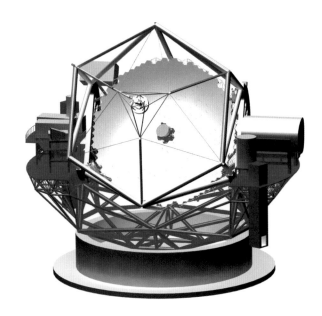

■「三十米望遠鏡」（TMT）的示意圖，由 492 片 1.4 米反射鏡片組成。（影像來源／TMT Observatory Corporation）

■這是歐洲「極大望遠鏡」（ELT）的擬真圖，望遠鏡主鏡口徑為 39 米，位於智利 Atacama 沙漠中的 Cerro Armazones 山頂，標高 3046 米，目前已經完成遮罩。影像來源：ESO

■「巨大麥哲倫望遠鏡」（GMT）的主鏡由七面 8.4 米直徑的反射鏡構成。GMT 安置於智利 Las Campanas 山頂，標高 2400 米。（影像來源／GMTO Corporation）

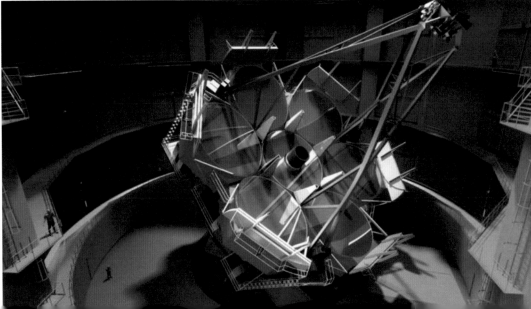

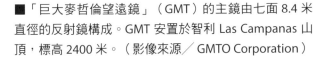

49 望向宇宙的電波大眼睛

FAST（Five-hundred-meter Aperture Spherical Telescope；全名為 500 米口徑球面電波望遠鏡），也稱「天眼」，是目前世界上最大的單口徑（500 米）電波望遠鏡，位於中國貴州，依著當地的喀斯特（石灰岩構成高低起伏）「天坑」地形建造。天眼的觀測波段為 70 MHz 到 3 GHz（相當於波長 10 公分到 430 公分），於 2016 年啟用。天眼望遠鏡的鏡面不能移動，只能個別板面微動。因此要「跟蹤」天體，只能靠移動吊掛在空中焦點處的偵測器來「盯著目標」。

目前世界最大的單天線而又「可以轉動」的電波望遠鏡是位於美國西維吉尼亞州的 Green Bank Telescope，口徑 100 米。中國新疆天文台正在奇台（Qitai）台址籌建 110 米單口徑望遠鏡，工作頻率 300 MHz 到 117 GHz，一旦完成又有個世界第一。位於印度西部 Pune 的 Giant Metrewave Radio Telescope（GMRT）由 30 座 45 米網狀天線構成，為目前世界最大的「米波望遠鏡」。

在規劃中的，還有 SKA（Square Kilometre Array），預計第一期在南非建構，目前先有 64 座 13.5 米的天線，之後另建 128 座。第二期則建在澳洲，預期有 2000 座天線，整個有效面積將近一平方公里，故得名，完成後將是世界最大、最靈敏的電波望遠鏡。

所以，「世界第一」有很多細節，要看「字裡行間」。這就好像大學排名可以有不同排法，端看創意（好吧，要看重視什麼啦）。

受限於工程困難，目前除了一些小型實驗，還沒有放在太空（或是月球背面，永遠背向地球，少了來自地球的電波干擾）的電波望遠鏡。目前已經成功結合地表不同位置的天線構成干涉儀，這麼長的「基線」，幾乎等同把地球直徑當作望遠鏡的口徑，來獲得高解析資料。要是在太空放干涉儀，基線拉長到地球直徑好幾倍，甚至從地球到月球，真讓人拭目以待。

■印度的 GMRT 是世上最大的米波望遠鏡陣列，用來接收米波輻射，因此使用網狀天線。（影像來源／NCRA archives）

■位於美國口徑 100 米的 Green Bank Telescope，是世界上最大的單一「可轉動」電波望遠鏡天線。（影像來源／NRAO/AUI/NSF）

■位於貴州的 FAST「天眼望遠鏡」口徑達 500 米，是世界上最大的單口徑電波望遠鏡，碟狀天線依地勢建造固定，不能運動。（影像來源／Xinhua News）

50 多管道天體訊息

除了極少數天體可以藉由太空船前往，例如飛掠經過，或者一再繞行探測，困難度最高的則是登陸（沒有陸地就穿越大氣），還有少數從太空掉下來的隕石，或是鄰近的天體可以發射雷達，藉由反射波研究其性質。其他絕大多數天體，只能遠觀，要了解它們幾乎只能分析它們發出的電磁波訊號。

另外還有其他手段。例如太陽中央的核反應除了產生能量，也發出「微中子」，這種基本粒子顧名思義不帶電，也幾乎沒有質量，所以不太跟其他物質作用，也就不好偵測。在實驗室中量不到其質量，但是宇宙學估計的上限，比電子還要輕了至少百萬倍。偵測到太陽的微中子，是其中央正在進行核反應的直接證據。另外超新星爆發時也會產生微中子。16 多萬年前，在大麥哲倫星系中某顆藍超巨星爆發，光線於 1987 年抵達地球，天文學家記錄了爆發前後的數據，同時也偵測到微中子，驗證了恆星演化理論。

「宇宙射線」也是研究宇宙的工具，這些高能粒子在太空中受到銀河系與太陽磁場影響，但無法穿透大氣（感謝大氣的保護），因此如果不在高空收集，就仰賴它們撞擊大氣

分子以後，激發出另外一批粒子，並產生輻射。我們在地面收集這些「副產品」，也能推敲原來宇宙線的性質。

最新研究宇宙的工具是「重力波」。電荷加速會發出電磁波，而質量加速則發出重力波，質量驟變，時空受到扭曲，例如緻密的天體（中子星、黑洞）互繞，軌道逐漸衰減而加速，甚至合併，或是星體爆發，都可能產生強大重力波。但是由於地球重力影響，要偵測微弱重力波的訊號極度困難。但藉由精密的干涉技術，目前成功量測到重力波通過時所造成的極微小時空變形（造成儀器位置改變），讓探索宇宙的工具箱裡，又多了一項法寶。今天我們好奇不同質量的恆星各有多少比例，以後說不定可以回答「宇宙中不同質量的黑洞各有多少」。想到就讓人興奮。

天體送出各式訊息（message），人類首先利用電磁波觀察，先在地面上偵測可見光、紅外光與無線電波，然後放高空氣球或太空望遠鏡，在其他波段觀測（紫外、X 射線、伽瑪射線），成為「全波段」天文學。後來又探測來自天外的粒子，近來更偵測重力波。古人「以管窺天」，而現在是個

利用多重「管道」收集天體訊息，「多管齊下」的時代，宇宙早有這些訊息，人類文明發展至今，科技正逐漸趕上，開始收聽宇宙給我們的訊息，這是個 multi-messenger 天文學的時代。我們引頸期盼，並慶幸身在其中。

■兩個緻密天體，原本各自有強大引力，當彼此靠近而合併，周圍的時空強烈扭曲，發出重力波。

■（右圖）當兩個緻密天體合併，發出巨大能量，也放出強大重力波，傳遞到地球造成時空漣漪，引發儀器「變形」，可以用雷射干涉儀測量出來。2015 年 9 月 LIGO 與 Virgo 團隊首次在兩個測站偵測到兩個約 30 倍太陽質量的黑洞合併所發出的重力波訊號。兩個測站偵測到波動的時間差，與彼此距離吻合。（影像來源／LIGO 計畫）

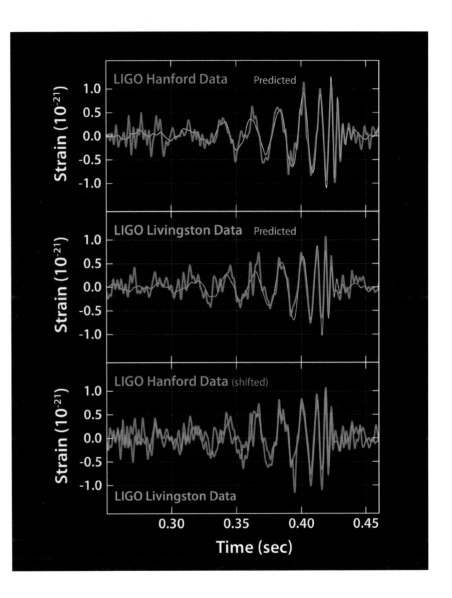

星空50講：帶你探索宇宙

2021年6月初版　　　　　　　　　　　　定價：新臺幣390元
2021年11月初版第三刷

有著作權・翻印必究
Printed in Taiwan.

著　者	陳　文　屏	
叢書主編	李　佳　姍	
校　對	李　　倫	
整體設計	江　宜　蔚	

出　版　者　聯經出版事業股份有限公司
地　　　址　新北市汐止區大同路一段369號1樓
叢書主編電話　（02）86925588轉5320
台北聯經書房　台北市新生南路三段94號
電　　　話　（02）23620308
台中分公司　台中市北區崇德路一段198號
暨門市電話　（04）22312023
郵政劃撥帳戶第0100559-3號
郵撥電話　（02）23620308
印　刷　者　文聯彩色製版印刷有限公司
總　經　銷　聯合發行股份有限公司
發　行　所　新北市新店區寶橋路235巷6弄6號2F
電　　　話　（02）29178022

副總編輯　陳　逸　華
總　編　輯　涂　豐　恩
總　經　理　陳　芝　宇
社　　　長　羅　國　俊
發　行　人　林　載　爵

行政院新聞局出版事業登記證局版臺業字第0130號

本書如有缺頁，破損，倒裝請寄回台北聯經書房更換。　ISBN　978-957-08-5929-4 (平裝)
聯經網址 http://www.linkingbooks.com.tw
電子信箱 e-mail:linking@udngroup.com

國家圖書館出版品預行編目資料

星空50講：帶你探索宇宙/陳文屏著．初版．新北市．
　聯經．2021年6月．144面．19×26公分
　ISBN　978-957-08-5929-4（平裝）
　[2021年11月初版第三刷]

　1.天文學　2.宇宙

320　　　　　　　　　　　　　　　　　110010636